Davi
21個宇宙大探索
貓咪也懂的STEM自主學習

作・余海峯　　圖・文浩基

推薦序1

有一天，Simba爸爸從WhatsApp 傳來訊息，希望可以為他即將問世的新書寫序，並提醒我這是一本兒童書。我立刻就答應了，更請他寄來初稿。看過目錄之後，我在想這本真的是兒童書嗎？內容所涵蓋的範圍甚廣，從古代天文觀到現代宇宙學，從生命的始源到恆星的死亡，幾乎就是我在大學教的「普通天文學」的內容！但Simba爸爸卻能夠將內容簡化，以淺白的文字，把重點寫出適合兒童閱讀的科普讀物。雖然是兒童書，讀來平易近人，但你會發現Simba爸爸秉持著天文物理學家的精神，將自然科學的定律貫穿整本書。這本書的另一特色是每一篇文章都以插畫結尾，除點出文章的精髓，更令整本書增加不少藝術氣息，令人欣忭。

我沒有見過Simba，但多年前學生在辦公室養了一隻貓，我每次經過都會跟牠打過招呼。貓總是靜觀其變，同時充滿好奇心，頗有天文學家的風采。期待 Simba 能啟發更多新一代的天文學家。

江國興

國立清華大學天文研究所特聘教授

2021年3月29日於新竹

推薦序2

與David相識，跟物理有關。

那時拜讀他的著作《宙》，在IG推介，tag他一個，他見字回po，二人好歹當作是互相認識了，真係好科學。

2020.06.21香港日偏食，我在IG問他去哪兒看最好，他說一起吧，我和伴侶去尖沙咀！我又去，畢竟沒一場日食好得過與天體物理學者一同看。那天他還贈我Iron　man日食眼鏡，真係好科學。

彼時他並不知道自己中伏了，因為後來我經常煩著他：當科學家發現細菌在太空輻射下暴曬三年仍能活著，我追問他。當發現餐廳的裝飾可以不依靠電力轉動，我問他。當小朋友問及磁石原理，我發現自己啞口無言，又找他。連看不懂《天能》時，我都盲找他。

基本上不管三七二十一都麻煩他，妙在他又答。開始時，他驚訝我對科學充滿興趣，我表示那僅一分純粹的好奇心：弄明白世界，不是要好的事嗎？

知識，是人類自古探索、努力的成果，是人類冒險、撞板、運氣、信念、盼望的見證，而它們已經好端端在你面前，等待你去知道，毋須上山下海，不用日曬雨淋，需要做的事，就像掀開一本書同樣簡單，好正呀喂！性價比極高。

弄明白世界，不是我們活著的任務嗎？

事實上我中學會考物理拿D，幸得他答得好，深入淺出，亦有耐性。

這也許是為何那年喜歡他的著作吧，一些從前嘗試弄懂——而不果——的理論，是他都讓我明白了。

感謝David。

至於為何我們的相識跟物理有關，因為他說呀，老友，所有事都跟物理有關！

卓韻芝

著名電台主持人、藝人、跨媒體創作人

推薦序3

浩瀚宇宙神祕之多，人類窮十世都未必能解開所有謎團。不過，閱讀《David博士21個宇宙大探索》一定解答你部份有關天文與物理的問題，讓你在探索宇宙期間變得更輕鬆、過程更有趣。最重要是本書難得地有生動插圖(可能因為有貓吧！)，父母可與孩子一起閱讀、一起學習，又可增加親子互動。

作為 David 多年朋友，又一起為香港科普出力，在公在私我都會推介大家閱讀這本書，尤其執筆之時，仍然疫情嚴重，留在家中閱讀免受感染不是很好嗎？

講多無謂，讀完更實際！

小肥波

科普作家

自序

我必須感謝我的朋友和家人，特別是我的伴侶碧瑩和喵兒子Simba，感謝他們的陪伴和在我生命中出現。我覺得自己到現在仍十分幼稚，沒有他們的話，我可能連日常自理能力也欠缺！

我覺得科學其實並不一定高深莫測，有時反而幼稚得很！我認為科學是每位孩童天生的「事業」。我深信每個孩童裡都住著一位對世界、對宇宙好奇的科學家，每事都想向宇宙發問：「為何天空是藍色的？」「太陽、星星、月亮是甚麼？」「究竟天有幾高？」

沒有答案嗎？不要緊，因為尋找答案的過程本身就是科學。「不知道」並不羞恥，最重要是保持尋找答案的動力，這樣反而令生活更加有趣！

科學的意義在於發問。不要害怕問得幼稚，因為保持一顆幼稚、好奇的心，是每個人與生俱來的工作！

我希望透過文Sir的圖畫，結合科學和藝術，以兩種不同角度欣賞宇宙的美，能夠喚醒每個人內心那個孩童科學家。

余海峯David

2021年4月21日於香港

目錄

Chapter 1
觀察宇宙

「烏龜上的宇宙」

你有想像過宇宙是甚麼形狀嗎？很久以前，世界各地文明都對宇宙形狀有不同幻想，通常都與各種文化中的神話故事有關。

你可能聽過古中國關於宇宙誕生的神話故事：盤古開天闢地、女媧煉石補天等等。你又有否想過，在這些神話故事裏，宇宙到底是甚麼樣子的？早在公元前四百多年，曾子提出「天圓地方」之說。他認為天空是圓形而大地則是方形。有趣地，曾子亦思考過如果天真是圓形的，如同倒轉的湯碗般罩住大地，那麼大地的四隻角豈非曝露在天的外面嗎？天的外面到底又有甚麼？[1]

公元前三百多年，古中國有一個叫慎到的思想家。他曾想像：「天形如彈丸半覆地上半隱地下」[2]意即天空是彈丸般的球狀，其一半在地面以上，另一半則在地面以下。由於慎到沒有可能看到同一時間位於地球另一邊的美洲天空，這純粹是他的想像而已。

古印度也有一個很有趣的神話。在印度教傳說裏，世界是平的，並且位於四隻「世界象」背上。你會問道：「世界象又站在甚麼之上？」答案是一隻巨大的烏龜！這隻烏龜叫做「世界龜」。究竟世界龜是棲息在陸地上的陸龜，還是生活在水中的烏龜，就不得而知了。

你又可以追問：「世界龜又站在甚麼之上？」傳說世界龜口中咬住一條巨蛇，而這條巨蛇則咬住自己的尾巴，成為了一個圓圈。這樣就不用站在其他東西上了！如果再問下去「巨蛇站在甚麼之上？」豈不是沒完沒了？

古希臘的人們很早就知道地球不是平的。例如，從海岸上望向海上的帆船，總會先看見桅桿和船帆，之後才能看見船身。再者，他們也知道站在山崖上的人能夠比站在海邊的人更早看見帆船。反過來說，帆船上的水手亦總是首先看見山崖，然後再看見海岸，而在桅桿上的水手也能夠比在甲板上的水手更早看見陸地。這是地球表面彎曲的直接證據。[3]

不過，古希臘哲學家泰利斯（Thales）卻認為地球是平的並且浮在水上，而日月星辰東升西落的原因是風吹所致。他是有史記載以來首位利用自然現象而非神話故事去解釋宇宙的人。另一位古希臘哲學家阿那克西曼德（Anaximander）則是首位拋棄「必須有東西支撐地面」想法的人。他認為地球是個浮在宇宙空間中的圓柱體，四面被水包圍，並不需要任何支撐。他也認為地球及宇宙大小有限、存在時間亦有限，而且只是無限個宇宙的其中一個，是首個提出宇宙模型[4]的人。因此，阿那克西曼德亦被稱為古代宇宙學之父。

[1]《大戴禮記・曾子天圓第五十八》

[2]《慎子・外篇》

[3]Kwok,Sun(2017), Our Place in the Universe: understanding fundamental astronomy fromancient discoveries,Springer, p.37
(ISBN 978-3-319-54172-3)

[4]「模型」是科學裏的專有名詞，代表圖像或者描述科學原理的數學結構。事實上，我們在玩具店買的高達模型玩具，也是描述高達的外形而生產出來的結構啊！

「徒步量地球」

地球到底有多大？

生活在現代的我們，因為有人造衛星的幫助，可以準確地測量地球尺寸。我們可以輕鬆在網絡上搜尋到答案：地球平均半徑等於6,371公里[1]。因為圓周等於直徑乘以圓周率π，我們也就能夠計算出地球的平均圓周等於40,030公里。但你又有沒有想過，從前人們又是如何測量地球尺寸的呢？這就得借助數學和天文學的知識了。

若說誰是測量地球尺寸的科學先鋒，古希臘哲學家埃拉托色尼（Eratosthenes）當之無愧。他曾寫過一本書《測量地球》，裏面記載了他如何進行測量地球的實驗。雖然這本書已經佚失，我們仍然可以從其他人的著作中對埃拉托色尼的描述，一窺埃拉托色尼這個聰明的實驗方法。到底他是如何只利用一支木棍，就測量出地球的圓周？

埃拉托色尼住在亞歷山卓[2]。遊歷世界的商旅們告訴他，南部都市賽伊尼[4]的人們可以於夏至[3]當天正午時分在水井裏看見太陽的影像。這表示於這個時刻，太陽正好位於賽伊尼的天頂[5]。如果此時在地面垂直立起一支木棍，就會發現木棍的影子消失了[6]！

可是，埃拉托色尼發現在亞歷山卓城夏至正午時，城裏的水井卻看不見太陽影像，而且直立的木棍的影子並沒有消失。他就想，這不就代表於這個時刻，太陽的光線分別從不同的角度射向兩個城市嗎？

埃拉托色尼非常聰明，他利用這個發現計算出地球的圓周。只要在夏至正午量度木棍影子長度，然後量度亞歷山卓和賽伊尼兩座城市之間的距離，他就可以利用簡單幾何計算出地球圓周。他得到的結果是，地球圓周大約等於25萬個運動場的長度[7]，換算做現代單位的話，大概介乎38624和46,671公里。跟現代人造衛星測量所得的數值40,030公里相比，這確實是非常出色的成就！

另外一個古希臘學者阿里斯塔克斯（Aristarchus）與埃拉托色尼一樣都是測量天體的先驅。埃拉托色尼測量地球尺圓周，阿里斯塔克斯則測量了地球和太陽之間的距離。阿里斯塔克斯曾利用半月時的「太陽-地球-月球」夾角，使用幾何知識計算出「地球-太陽」和「地球-月球」的相對距離。他得到的數字是太陽離地球比月球離地球遠20倍。事實上，太陽的距離是月球的400倍才對，阿里斯塔克斯的計算誤差來自於未能準確量度「太陽-地球-月球」夾角。

阿里斯塔克斯亦曾經估算月球周長是地球周長的1/3。事實上，月球周長是地球周長的1/4。雖然阿里斯塔克斯的計算不太準確，但以他那個時代的測量技術來說，已經是了不起的成就！

阿里斯塔克斯提出太陽才是宇宙中心，這可能是他最重要的科學貢獻，因為他是首個提出這種想法的人。泰利斯和阿那克西曼德的宇宙論，因為地球位於宇宙模型的中心而被稱為「地心說」。阿里斯塔克斯則認為太陽才位於宇宙的中心，稱之為「日心說」。

不過，生活在現代的我們知道，其實太陽亦非宇宙的中心！

[1]這是一個平均值，因為地球並不是完美的球體。由於地球會自轉，因離心力的關係地球是一個扁橢球體，在赤道附近稍微凸起。地球平均半徑的數值取自：https://nssdc.gsfc.nasa.gov/planetary/factsheet/earthfact.html

[2]亞歷山卓(Alexandria)是古希臘最大的城市，古希臘時期世界最大的亞歷山大圖書館曾聳立於此城。埃拉托色尼是第二任館長，阿里斯塔克斯是第四任。

[3]夏至(Summer Solstice)是一年之中日照最長的一天。日照時間依緯度而改變，緯度越高日照時間越長。

[4]賽伊尼(Syene)是古埃及時期的舊稱，現在這個城市的名字是阿斯旺(Aswan)。

[5]天頂(zenith)代表垂直地面指向天空的方向。

[6]現在這種工具稱為晷影器(gnomon)，是用在日晷(sundial)上的設備。太陽光照在日晷上，晷影器在日晷的刻度上投影，就能得知時間。

[7]埃拉托色尼使用的單位是「斯塔德」(stadium)，照字面上的意思就是運動場。由於現代歷史學家對古代運動場的大小有爭議，所以換算成公里時只能得到一個大概範圍。埃拉托色尼測量出的地球圓周數字取自：https://www.aps.org/publications/apsnews/200606/history.cfm

連腰圍也要被精確地公開，我的私隱！

「原子與元素」

大家去餐廳吃牛扒時，會不會大口大口地吃？還是會把牛扒切成細塊才吃呢？大家在吃美味多汁的牛扒的時候又有沒有想過，如果把牛扒切開，一分為二、二分為四，一直不斷地切、不斷地切......這個過程會不會有盡頭？我們可不可以把牛扒切到小到不能再繼續切？又或者能夠一直無窮無盡地切下去？

古希臘就曾有兩位哲學家嘗試過解決這個問題。德謨克里特(Democritus)和他的老師留基伯(Leucippus)認為，宇宙中的物質不可能被永無止境地切割。他們認為物質必然有一個最小的單位，稱為原子(atom)，有「無法切割」的意思。他們認為宇宙萬物都是由原子所構成的，原子們可以互相結合、分開、重組，但不能被消滅。

德謨克里特和留基伯的原子模型與現代科學的原子理論，竟然出奇地相似！他們認為原子有三種特質，各種物質的原子皆有不同大小、不同排列方式、不同組合角度。現在我們知道，物質是由各種元素(element)構成，各種元素的原子大小都不相同。原子以各種組合和角度排列就能合成各種分子，其中一些分子更是生命不可或缺的成份！[1]

雖然古希臘的原子模型並非根據科學實驗和觀察而建立，但亦不是無中生有。德謨克里特和留基伯認為，宇宙中除了原子，還有另一種叫「虛無」的概念。這個概念與現在我們說的「真空」類似。德謨克里特和留基伯認為，正正是因為原子之間有「虛無」分隔，才能夠構成各種物質。

既然德謨克里特和留基伯早在古希臘時代已經提出了原子存在的假說，想必原子的存在也被證實了很長時間吧？這就錯了，原來原子一直要到二十世紀初才被一位科學家證明是真實存在的，而那科學家更是鼎鼎大名的愛因斯坦(Albert Einstein)！

不同原子代表不同元素，即是不同種類的物質。現代科學中，化學家們把各種元素分門別類，在一個稱為元素週期表(periodic table)的表格中整整齊齊地排列妥當。第一個將各種元素有系統地歸納進元素週期表內的化學家，是生於十九世紀的門捷列耶夫(Dmitri Ivanovich Mendeleev)。

在十九世紀，人類發現了的元素仍然不多，只有50多種。雖然歷來眾多化學家都嘗試系統化地為各種元素分門別類，門捷列耶夫是首個發現正確分類方法的人。更重要的是，他發現了元素週期表裏的一些空位。他認為這些空位必定代表未被發現的元素，並憑此預測出這些新元素的化學性質。後來，人們果真發現了與門捷列耶夫預言性質一模一樣的新元素！為了紀念門捷列耶夫的成就，他被稱為「現代化學之父」。

[1]宇宙中所有物質皆由各種元素構成，而組成各種元素的最細小單位就是原子。由兩個或以上的原子結合而成的結構，稱為分子（molecule）。

「數學宮殿」

我們在前面的章節討論過，數學除了在日常生活中有實際應用外，更能幫助我們計算出地球尺寸、太陽有多遠等等。宇宙就是大自然本身，是不能被謊言所欺騙的。[1]因此如果我們要認識宇宙，就必須借助宇宙裏最正確的知識，那就是數學。

可是大家又有沒有想過，數學為甚麼那麼可靠？為何數學的正確性甚至比科學有過之而無不及？

古希臘數學家歐幾里得(Euclid)創立了如何證明數學定理的方法。他認為必須從一些不證自明的數學概念出發——他稱之為公理(axioms)——逐步推導出更複雜的數學定理，才是一個嚴謹的數學證明。古希臘許多科學發現到了現代已被改寫，但歐幾里得寫的數學教科書《幾何原本》裏的數學證明，直到今天依然屹立不倒。

歐幾里得的五個公理包括：

1. 任意兩點之間能夠以直線連接。
2. 一條線段能向兩邊無限延伸。
3. 任何線段都可以作為半徑並以其中一個端點作圓心，畫成一個圓形。
4. 所有直角皆相等。
5. 如果一條直線落在另外兩條直線之上，使其同一邊的兩隻夾角之和少於兩個直角，如果這兩條直線無限延伸，它們必定會在少於兩個直角的那一邊相交。

歐幾里利用這五個公理推導出幾百個數學定理。雖然這些公理經歷兩千多年的數學發展，皆已被更嚴謹的定義修正或改寫，但《幾何原本》中的所有定理仍然是正確的。愛因斯坦亦曾回憶自己在年幼時讀過這本書，啟發了他日後利用幾何方法去思考時間和空間的關係，並最終發現了相對論。

對歐幾里得來說，數學是最神聖和純粹的學問。法老王托勒密一世(Ptolemy I Soter)曾經問歐幾里得，有沒有學習幾何學的捷徑。歐幾里得回答說：「幾何學裏並沒有皇室御道。」[2]數學研究是沒有捷徑的，即使是法老王亦必須遵守數學邏輯，才能獲得知識。

有一次，歐幾里得的一個學生問他：「學習幾何學有甚麼用處？」歐幾里得聽罷，就對身邊的侍從說：「給這個小伙子三個硬幣，因為他要從學到的幾何學裏得到實際利益。」[3]

幾何學就是歐幾里得的皇室宮殿，而五個公理就是支撐宮殿的支柱。但歐幾里得並不知道，這座幾何學宮殿以後竟然能夠幫助科學家理解浩瀚的宇宙。

[1]物理學家理查・費曼(Richard Feynman)曾在挑戰者號太空穿梭機失事調查報名中，寫下科學家必須引以為戒的名句：「對於一項成功的技術，真相必須置於公共關係之上，因為大自然是不可欺騙的。」(“For a successful technology,reality must take precedence over public relations,for Nature cannot be fooled.")

[2]Proclus (5th Century AD), Commentary on the First Book of Euclid's Elements, English translation by Morrow, G. R. (1970), Princeton University Press, p.57.

[3]Stobaeus, Florilegium iv, 114, ed. Teubner 1856, p.205.

任意兩點之間能夠以直線連接。

一條線段能向兩邊無限延伸。

ZZZZ
任何線段都可以作為半徑並以其中一個端點作圓心，畫成一個圓形。

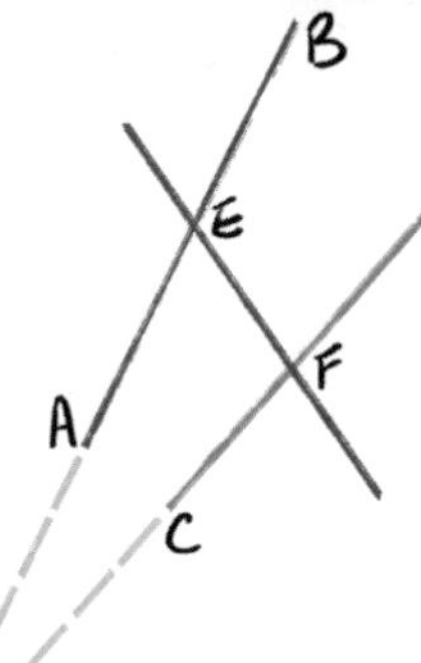

如果一條直線落在另外兩條直線之上，使其同一邊的兩隻夾角之和少於兩個直角，如果這兩條直線無限延伸，它們必定會在少於兩個直角的那一邊相交。

例如：
若$\angle AEF+\angle CFE<180^\circ$，
則兩直線$\overline{AB}$及$\overline{CD}$在$\overline{EA}$及$\overline{FC}$的方向相交。

「星空圖畫」

//一閃一閃小星星
一顆一顆亮晶晶//

大家有沒有試過在夜晚抬頭望向天空，想著高掛在夜空中的那些小光點究竟是甚麼東西？

很久以前，沒有霓虹燈照亮晚空，古人們所看見的星空與現代城市中的星空，一定有很大分別。在現代，我們在市區基本上只能看見五顆行星(planets)，以及寥寥可數的幾十顆比較明亮的恆星(stars)。比較起來，古人們看見的是成千上萬顆星星呢！

星星到底是甚麼？我們聽得最多的水星、金星、火星、木星、土星，它們的位置每晚都會改變，亦因此被稱為行星[1]。位於金星和火星之間的地球也是行星之一。視力非常好的人可以看見非常暗淡的天王星。離太陽最遠的行星是海王星，需要利用天文望遠鏡才看得到。除了行星，夜空中其他星星全都是恆星。

恆星是正在燃燒的巨大火球，因為恆星內部的溫度和壓力都非常、非常、非常之高，原子核就會互相結合[2]，同時釋放出巨大能量。這些被釋放出的能量就是光和熱。咦？怎麼有種似曾相識的感覺？對了！太陽也是這樣放出光和熱的，因為我們的太陽也是一顆恆星啊！

在沒有城市燈光的夜晚，大概可以看到5,000至6,000顆星星。在完全漆黑的環境中，肉眼能看見的恆星最多大約45,000顆。古人們邊欣賞一閃一閃的小星星[3]，邊把部落裏流傳下來的許多神話故事放到星空中，試著為這些閃爍漂亮的光點尋找解釋，這就是星座(constellations)概念的來源。另一方面，某些比較光亮的星座和星星都可以用來指引方向。例如有名的北極星(Polaris)，它是小熊座(Ursa Minor)的一顆星星，位於正北方。以前的水手和商旅只要找到大熊座(Ursa Major)中的北斗七星(Big Dipper)或者仙后座(Cassiopeia)中的五顆星，就能夠用它們作為參考找到北極星，找到方向。

所有人類文化中都有著不同的星座神話，不同文化對星空區域的劃分也會有所不同。我們現在熟悉的星座名稱大多源自古希臘或古羅馬神話，星座的劃分都是國際天文聯會(International Astronomical Union, IAU)決定的。全個天空總共被劃分成88個區域，每個區域都被賦予一個星座名稱。有趣的是，IAU其實只定義了各個天區如何劃分，並沒有規定星座裏的恆星應該如何連結起來。所以大家其實可以自由發揮想像力，在星空中劃出一幅幅美麗的圖畫呢！

[1]行星的英文planet源自希臘文πλανῆται，意即「游蕩者」。
[2]這個過程叫做核熔合或核聚變(nuclear fusion)。
[3]星星會閃爍是因為地球大氣層裏的空氣流動造成的擾動效應。如果飛到月球上看，星星是不會閃爍的。

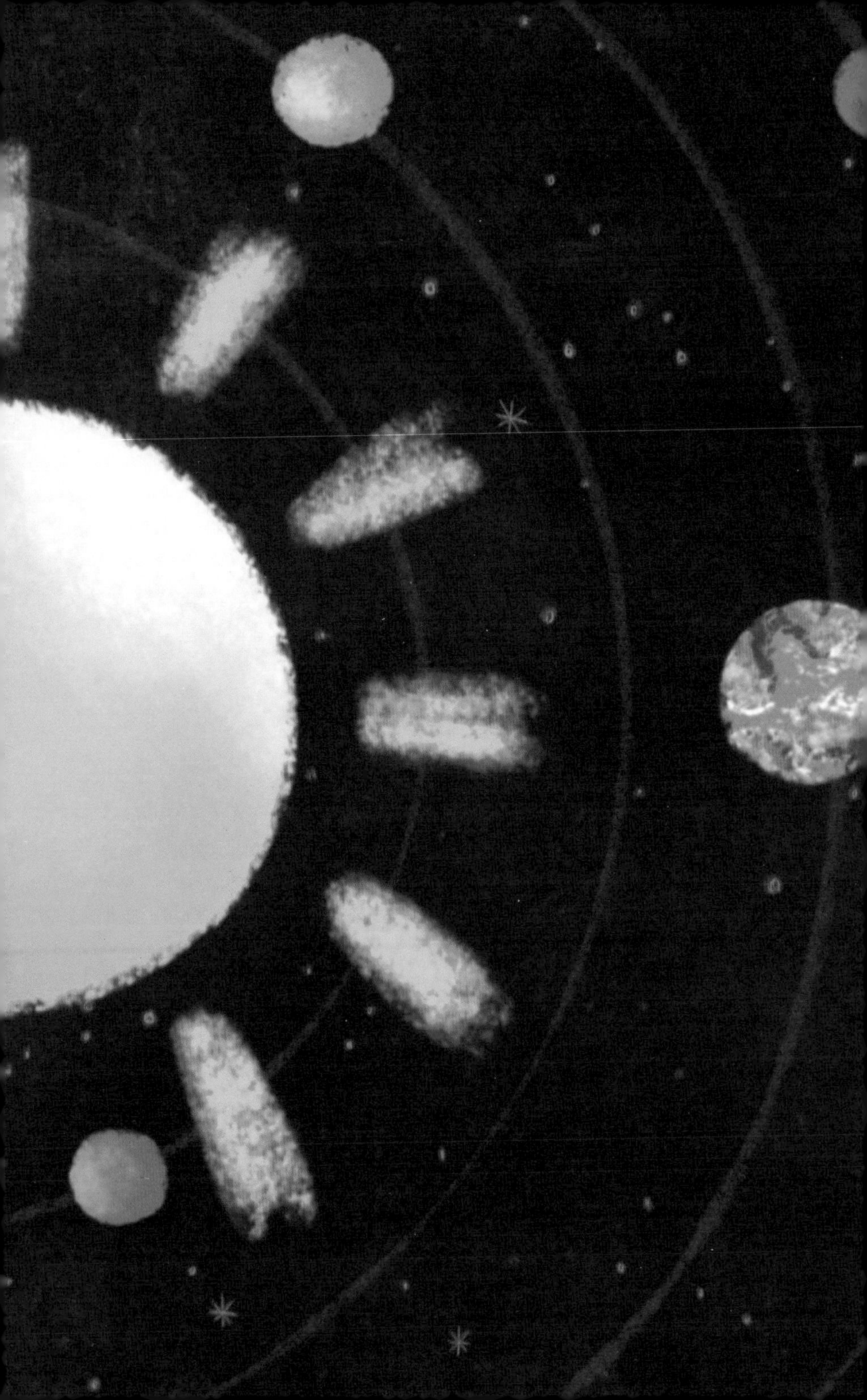

Chapter 2
太陽系

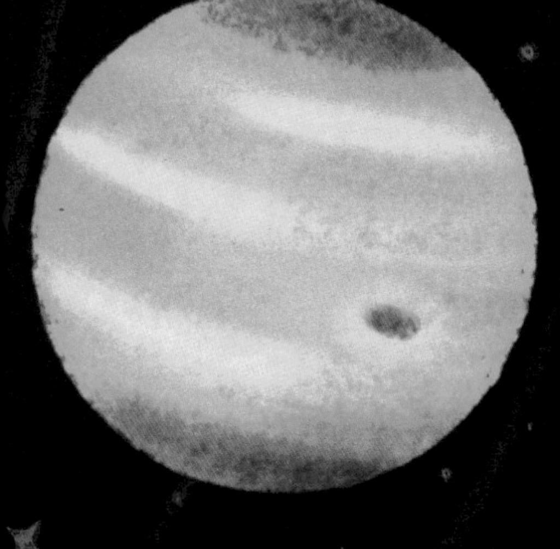

「行星音樂會」

天文學是人類史上最古老的科學，古代天文學家就已經知道天上有些星星是與別不同的。相比位置不會改變的恆星[1]，他們發現有五顆會移動的光點。這五顆會移動的星星就是太陽系內的行星：水、金、火、木、土。

天文學家克卜勒(Johannes Kepler)在十七世紀初歸納了這五顆行星的觀測數據，他的研究結果不單支持哥白尼(Nicolaus Copernicus)和伽利略(Galileo Galilei)提倡的日心說[2]，更發現了行星的軌道是橢圓形的。他在1609年出版了《新天文學》並提出了行星運動第一和第二定律，十年後他在另一本討論音樂和幾何學的著作《世界的和階》中又提出了行星運動第三定律。

克卜勒覺得，行星在宇宙中環繞太陽運行的軌道隱藏著深刻的數學關係，就好像音樂和弦一樣。在他的眼中，包括地球在內的六大行星，並不單止在機械式地環繞太陽公轉，而是在演奏一場優美的音樂會。後來，克卜勒的行星運動三大定律被牛頓(Isaac Newton)發現的運動定律和萬有引力定律完美地解釋了。

之不過，從地球上看，行星們都只是一顆顆細小的光點。到底它們實際上是甚麼模樣的呢？

最接近太陽的水星和金星，由於是內行星——即比地球軌道更接近太陽的行星，它們永遠都會出現在太陽附近。如果要觀察它們就必須在日出後不或者日落前不久，天色較為昏暗的時候。在日間，太陽強大的光線會遮蓋了水星和金星的光。這也是我們在日間看不見星星的原因。[3]

水星因為太接近太陽的關係，面向太陽的一面溫度高達攝氏430度，與其名字完全相反呢！而由於水星沒有大氣層，不能像地球般調節溫度，因此其背向太陽的一面的溫度低至攝氏零下180度。金星則有著濃厚的大氣層，不過其大氣成分絕大部份都是溫室氣體(greenhouse gases)，在金星上造成非常嚴重的溫室效應(greenhouse effect)，所以整個金星的平均表面溫度高達攝氏460度，是所有行星之中最高的！

火星的名字則恰巧與其表面環境相反。由於火星的大氣層非常稀薄，其平均表面溫度在攝氏零度以下，而火星的南北兩極更可低至零下150度！只有在赤道的正午時分，受太陽照亮的地方溫度能夠上升至攝氏20度左右。火星是一顆很容易辨認的行星，因為火星表面佈滿各種氧化鐵(iron oxide)，即是俗稱的鐵銹。因此，火星在夜空中是明亮的紅色的！火星亦因而有個綽號叫做「生銹的行星」。

水星、金星、地球、火星都是擁有岩質表面的行星，統稱為類地行星；至於更遙遠的木星和土星，以及分別在十八和十九世紀才被天文學家們發現的天王星和海王星，皆為沒有岩質表面的巨型氣體行星，叫做類木行星。太陽系裏的四顆類木行星離太陽非常遙遠，溫度都非常寒冷。

這八大行星在過去幾十億年的時間裏，一直都環繞著太陽公轉。在天文學家眼中，就像一場永不完結的音樂會。

[1]其實恆星都會移動，不過幅度太小，肉眼察覺不到。
[2]阿里斯塔克斯的日心說在中世紀並不流行，而且被天主教廷視為異端邪說，禁止人們討論。
[3]行星只會反射太陽光而不會發光，恆星則會發光。

類
地
行
星
類
木
行
星

「彗星循環線」

1682年，一顆拖著一條長長的尾巴的星星，看起來好像一把掃帚般，出現了在天空中。在那個時代的英國，民眾都認為「掃帚星」是不詳之兆，只有天文學家們想盡辦法記錄它的出現時間、位置、光度等等，希望解開掃帚星之謎。天文學家習慣用另一個名字稱呼掃帚星——彗星(comet)。

當中一位名字叫做哈雷(Edmond Halley)的天文學家對這顆彗星很感興趣。他細心分析這顆彗星的軌跡，發現它與在1531年和1607年[1]出現過的兩顆彗星的軌跡非常相似。再者，這三顆彗星出現的時間都相隔了大約75至76年。基於這些數據，哈雷下結論說這三顆彗星其實是同一顆彗星，並預測它將會在1758年重臨！

大家應該都聽過牛頓被落下的蘋果砸到頭頂而發現了萬有引力定律的故事吧？[2]事實上，牛頓發現的萬有引力方程式不單止可以用來解釋蘋果往下掉，更可以用來計算所宇宙間所有物質受重力影響下的軌跡，包括月球、地球、行星，甚至彗星的軌道。可是，牛頓竟然沒有把這麼重要的研究結果發表，反而隨手放了在家中某個角落。

當年英國的學者們都喜歡在咖啡廳裏討論學術問題，而其中一個熱門話題就是「如何解釋克卜勒發現的橢圓形行星軌道」？哈雷聽說一位住在劍橋叫做牛頓的學者數學能力出眾，便遠道前去拜訪。當哈雷問牛頓，如果萬有引力遵守平方反比律(inverse square law)[3]的話，行星的軌道會是甚麼形狀呢？牛頓想也不想就答道：「我已經計算過了，是橢圓形。」[4]可是牛頓就算翻箱倒櫃也再找不到他原來的計算草稿，就答應哈雷稍後會重新計算並把證明寄給他。結果在哈雷的敦促下，牛頓把他發現的運動定律和萬有引力定律寫在《自然哲學的數學原理》之中。牛頓一鳴驚人，成為了無人不識的科學家。

哈雷利用牛頓的平方反比引力公式，計算出那顆彗星的軌道是一個環繞太陽非常扁平的橢圓形，並預測它將會在1758年在天空中的哪個方向再度出現。可惜的是，哈雷於1742年離世，未能親眼驗證自己的預言。1758年聖誕節，人們果然看見這顆彗星再臨。這是天文學上首次利用物理定律作用準確的預言，也證明了彗星會像行星一樣環繞太陽公轉。為了紀念這重大的貢獻，人們就為這顆彗星起了個家傳戶曉的名字：哈雷彗星(Halley's Comet)。

哈雷
Halley
←1986
2061→

[1]人類很早就已經看到過這顆彗星，已被確認歷史上最早的記載是在《史記》:「始皇七年彗星先出東方見北方五月見西方十六日」。1607年的重臨軌跡曾被克卜勒詳細記錄。它上次出現在1986年，下次將會是2061年了。

[2]事實上，這個故事很可能是假的。牛頓是在觀察了許多自然現象，包括思考為何月球不會往地球墜落後，得出萬有引力定律的結論的。

[3]平方反比的意思是，當距離加倍，數值便下降成原來的1/4。

[4]高崇文。二零一九年。〈愛德蒙·哈雷與他的彗星〉。《愛因斯坦冰箱》第三十六頁。商周出版。

「太陽傳說」

太陽系(solar system)誕生於大約46億年前。

太陽是太陽系的中心，非常巨大，而且比任何一顆行星都更大。太陽可以把八大行星全部吞下去仍然綽綽有餘！如果需要填滿太陽體積的話，需要放入足足130萬個地球，而且單單一個太陽就佔了整個太陽系99%以上的質量。太陽系的確配得上太陽之名啊。

對地球上的生命來說，太陽是天空中最耀眼的星體。不單止人類，動物、植物、甚至微生物，地球上絕大部分生命都依賴太陽的能量生存。然而，大家又有沒有想過，太陽是如何產生這巨大的能量呢？

如果能夠把太陽在一秒鐘內釋放的能量全部收集起來，將足夠全人類使用幾十萬年。神奇地，如此巨大的能量竟然來自於只有頭髮闊度1/10,000,000,000的氫原子核！四個氫原子核熔合在一起就會變成一個氦原子核，同時釋放出光和熱。這些光能和熱能來自於氫原子核的質量，所以熔合得出的一個氦原子核比熔合前的四個氫原子核要輕。這就是能量和質量可以互相轉換的證據，是愛因斯坦發現的著名公式E= mc2的意義。

核熔合反應只會發生在太陽的核心區域。在那裏，每秒鐘就有超過360萬億億億億個氫原子核進行核熔合反應，是個難以想像的天文數字。換個方法說，如果把這360萬億億億億個氫原子核並排，足夠來回太陽和冥王星之間500億次以上！

太陽核心溫度約為攝氏1,500萬度。相比之下，太陽表面溫度並不算太高，只有攝氏5,800度。不用擔心，太陽離地球大約1.5億公里，是一個適中的距離，天文學家叫做適居區(habitable zone)。地球表面上大部分陸地和海洋都不太熱、不太凍，令水能夠以液態存在。因此，地球上的生命才得以繁衍。

人類每個古文明都有著關於太陽的神話，其中有些文化更有崇拜太陽的習俗。大家比較熟悉的大概是古希臘和古羅馬神話中的太陽神阿波羅(Apollo)，上世紀美國的載人登月計劃也是以阿波羅命名的。但事實上，古希臘神話中的太陽神原本的名字應該是希路斯(Helios)，而阿波羅則是光和音樂之神。在某個時期，古希臘人把這兩個神話結合了在一起，所以有段時期太陽神曾被稱為阿波羅·希路斯(Apollo Helios)。

說到太陽，就必須說說氦元素的發現史。19世紀初，物理學家夫琅和費(Joseph von Fraunhofer)利用光譜儀觀察太陽[1]。不同的元素有著不同的光譜(spectrum)，所以光譜裏的光譜線(spectral lines)就是科學家用來分辨各種元素的「指紋」。夫琅和費發現太陽裏的一些光譜線與地球上的元素的光譜線一致，證明了天上的物質和地上的物質都是由同樣的元素和原子構成的。

後來，天文學家們更在太陽光譜中找到一組前所未見的光譜線，他們就把這種新的元素以太陽神的名字「Helios」命名為「Helium」，這就是氦元素的名字由來了。

[1]用肉眼或望遠鏡直視太陽非常危險，會嚴重傷害眼睛，切勿模仿！

太陽誕生於：
大約46億年前

氫原子核核熔合反應：
每秒360萬億億億億個

陽跟地球相距：
5千多萬公里

巨大的能量源自：
比頭髮闊度還要小
100億倍的氫原子核

太陽表面溫度：
5,800℃

太陽中心溫度：
1,500萬℃

「蒼藍一點」

大家有沒有想過，在太空中看地球會是甚麼感覺？

目前已經有許多太空人上過太空，在宇宙空間中親眼看過地球。地球是太陽系中唯一藍色的行星，因為地球表面超過70%面積都被海洋覆蓋。望向陸地，更能見到綠色一大片的森林樹木。那麼為何海洋和天空都是藍色的、而樹林又為何是綠色的呢？

來自太陽的白色光線，實際上其實是由無數種顏色的光線構成的。這些人類眼睛可以看得見的光線，就叫做可見光。與此同時，來自太陽的也有無線電波、紅外光、紫外光、X光等等，全部都是電磁波(electromagnetic waves)的成員。所以我們肉眼能夠看得見的光，其實只是電磁波的其中一個成員而已。

海水之所以會是藍色的原因，是海水會傾向吸收紅色的光線，而剩下未被吸收的藍色光線就會被反射，因此海洋看起來就是藍色的了。植物的葉子是綠色的原因其實亦差不多。植物的葉子裏有一種份子叫做葉綠素(chlorophyll)，負責吸收陽光進行光合作用(photosynthesis)，製造出植物所需的養份。葉綠素主要吸收紅色和藍色的光，因此未被吸收而反射出去的綠色光就會令葉子看起來是綠色的了。

那麼，藍色的天空是否也是由於空氣吸收掉了紅色的光？非也。大氣層內的空氣份子做的並不是吸收光線，而是散射光線。當太陽光進入了大氣層，就會與空氣份子碰撞並改變方向，這種現象就稱為散射。大家又猜猜，空氣主要會散射甚麼顏色的光？沒錯，就是藍色的光！因此大家就在四方八面都看見蔚藍的天空了。如果在沒有空氣的太空中看，天空就不藍色而是黑色的了。

在太陽系裏，地球是唯一擁有藍色的海洋、綠色的樹木、多姿多彩的生命的星球，上面更住著我們所愛的家人和朋友。

1990年的情人節，人類送上宇宙的太空探測器航行者一號(Voyager 1)在永遠離開太陽系的旅途上，回頭為太陽系拍攝了全家福。提出這個請求的天文學家卡爾‧薩根(Carl Sagan)，在航行者一號傳送回來的照片上，找到了地球。在這幅照片之中，地球只有1/8個像素那麼小，我們只能看見黑暗中的一個小光點。薩根把這幅離地球最遠拍攝的照片叫做蒼藍一點(Pale Blue Dot)。

薩根說，雖然這照片並沒有甚麼科學價值，卻有著深刻的意義。每個人類、一切愛和恨，都發生在這個比一個像素更細小的星球之上：[1]

「看那一點。那是這裏。那是家鄉。那是我們。在那之上，每個我們愛的人、每個我們認識的人、每個我們聽過的人、每個生存過的人類，都在那裏生活過。所有歡樂與苦難、上千個自信的宗教、意識形態和經濟教義、每個獵人和覓食者、每個英雄和懦夫、每個創造和毀滅文明的人、每個國王和農夫、每對年輕的戀人、每對父母和有希望的孩子、發明家和探險家、每個教育家、每個腐敗的政治家、每個『明星』、每個『至高領袖』、我們歷史上每個聖人和罪人，都活在那裏——在一顆淋浴於陽光中的微塵之上。

「地球是無垠宇宙中一個非常細小的舞台。想想那些為了在這個點的一部分之上得到剎那間的光榮和凱旋的將軍和君王們，背後的血流成河。想想那些來自這一點某角落的人們無止境地殘害著這一點另一角落、幾乎沒有任何分別的人們。他們之間的誤會有多頻繁、他們互相殘殺的渴望有多大、他們彼此的仇恨有多深。這道暗淡的光線，挑戰我們的虛偽、我們的自大、我們在宇宙中擁有某種特權的幻覺。

「我們的星球是包裹在黑暗的宇宙裏的孤獨斑點。朦朧之中，在這廣闊的宇宙裏，沒有證據顯示我們能從其他地方得到救贖。

「地球是目前已知唯一繁衍出生命的世界。沒有任何地方能讓我們這種族在不久的將來移民過去。探訪？可以。定居？還未可以。無論你喜歡與否，地球是目前為止我們能夠立足的地方。

「有人說天文學是一段謙虛和培養性格的旅程。我認為，或許沒有比這張照片——我們微不足道的世界——更好的方法去示範人類的愚蠢和自大。對我來說，它強調了我們的責任：我們要更親切地以同情心去互相對待，我們要保護和珍惜那蒼藍一點，我們唯一的家園。」

薩根希望這幅照片能夠使人類明白，渺小的生命在廣闊的宇宙面前是如何微不足道，卻又是如何無比珍貴。

[1]"Look again at that dot. That's here. That's home. That's us. On it, everyone you love, everyone you know, everyone you ever heard of, every human being who ever was, lived out their lives. The aggregate of our joy and suffering, thousands of confident religions, ideologies and economic doctrines, every hunter and forager, every hero and coward, every creator and destroyer of civilization, every king and peasant, every young couple in love, every mother and father, hopeful child, inventor and explorer, every teacher of morals, every corrupt politician, every "superstar", every "supreme leader," every saint and sinner in the history of our species, lived there - on a mote of dust suspended in a sunbeam.

The Earth is a very small stage in a vast cosmic arena. Think of the rivers of blood spilled by all those generals and emperors so that, in glory and in triumph, they could become the momentary masters of a fraction of a dot. Think of the endless cruelties visited by the inhabitants of one corner of the dot on scarcely distinguishable inhabitants of some other corner of the dot. How frequent their misunderstandings, how eager they are to kill one another, how fervent their hatreds. Our posturings, our imagined self-importance, the delusion that we have some privileged position in the universe, are challenged by this point of pale light.

Our planet is a lonely speck in the great enveloping cosmic dark. In our obscurity, in all this vastness, there is no hint that help will come from elsewhere to save us from ourselves.

The Earth is the only world known so far to harbor life. There is nowhere else, at least in the near future, to which our species could migrate. Visit, yes. Settle, not yet. Like it or not, for the moment the Earth is where we make our stand.

It has been said that astronomy is a humbling and character-building experience. To my mind, there is perhaps no better demonstration of the folly of human conceits than this distant image of our tiny world. To me, it underscores our responsibility to deal more kindly and compassionately with one another, and to preserve and cherish that pale blue dot, the only home we've ever known."

- Carl Sagan, *Pale Blue Dot*, 1994

14.02.1990

「月晴月缺」

為甚麼月球大約每28天都會循環一次陰晴圓缺？

早在公元前400多年，古希臘學者阿那克薩哥拉(Anaxagoras)已經知道月光來自太陽光的反射，而月球本身並不會發光[1]，所以月球每個月的陰晴圓缺循環的成因是月球相對太陽和地球的角度改變所致的。

既然如此，那麼在新月(即農曆初一)當天，看不見月球的原因，是不是因為地球遮擋了太陽的光線？如果大家是這樣想的話，那就混淆了月相(lunar phase)和月食(lunar eclipse)了。會混淆兩者的原因，主要是大家以為「地球環繞太陽公轉的軌道」和「月球環繞地球公轉的軌道」是在同一個平面之上吧！如果真的是這樣的話，那麼每個月都會至少發生一次月食，而且我們就永遠不會看到滿月了！

「地球環繞太陽公轉的軌道」叫做黃道(ecliptic)而「月球環繞地球公轉的軌道」則稱為白道（ lunar path ）。事實上，這兩個軌道並不在同一平面之上，兩者間有個大約五度的細小夾角。除了在月食發生的時候，月球在任何時候都有一半表面受太陽光照射。從地球看過去，受太陽光照射的區域和沒有太陽光照射的區域的組合，就是所謂的月相了。

月食的成因是因為地球遮住了太陽光，但大家又知道月食有幾多種類嗎？月全食？正確！月偏食？也對！月環食？喔，要小心了，日食才會有環食現象，而月食是沒有的。不過，月食也有另一種特別的「食法」，叫做半影月食。

為甚麼月食沒有環食，卻有半影食呢？假如地球投影在月球上的影子不夠月球本身大，就有可能出現環食。但事實上，因為地球的影子比月球大，所以不會有環食現象。本影就是完全沒有太陽光照射到的區域，而它的大小比月球大很多，所以如果月球完全進入本影，就只會發生月全食，不會出現月環食。而半影就是地球只遮住了一部分太陽光的區域。如果月球剛好經過本影和半影之間，就會發生月偏食；如果月球完全進入半影地帶，就會發生半影月食。

還記得黃道與白道之間相差五度嗎？就是因為這個五度的差距，當月球運行到地球的影子方向時，整個月球可能完全位於半影之外，大家就會看見滿月了。

其實大家只要細心想一想，月食的時候，地球的影子是無論如何都不可能是凸起的！試想想，一個球體的影子，怎麼可能會是凹進去的呢？

[1] Kwok,Sun (2017),Our Place in the Universe : understanding fundamental astronomy from ancient discoveries, Springer, Chapter 8 (ISBN 978-3-319-54172-3)

「地球防衛隊」

大約6,600萬年前，一顆直徑大約10公里——大概等於紐約曼哈頓的大小——的小行星落在現今墨西哥的尤卡坦半島(Yucatán Peninsula)。這次撞擊造成了一個直徑達180公里的巨型隕石坑——希克蘇魯伯隕石坑(Chicxulub Crater)，釋放出相當於100萬億噸棕色炸藥(TNT)[1]的能量。

科學家在同時期形成的地質岩層中找到了一道只有幾毫米厚的白堊紀-古近紀界線(Cretaceous–Paleogene boundary, K-Pg boundary)，發現裏面含有超過正常含量1,500倍的銥元素[2]。科學發現，許多在界線下找到的遠古生物在界線上都找不到了。這是由於隕石撞擊釋放的巨大能量把塵埃捲到了大氣層之中，完全遮蔽了太陽光達幾年之久。沒有了陽光，植物、草食性動物和肉食性動物都相繼死亡。包括所有恐龍在內[3]，至少75%的物種都因此而滅絕。

科學家利用理論模型和電腦模擬研究，發現直徑達10公里的隕石撞擊就已經能夠完全毀滅人類文明。可能在大家讀這本書的時候，一顆小行星正無聲無息地向著地球飛來，而我們卻懵然不知！不過大家無需過分擔心，因為地球有天然的防衛隊，它們就是月球和木星！

為甚麼呢？原來這與萬有引力有關。木星是太陽系中最大的行星，因為其巨大的引力甚至在火星與木星軌道之間創造了一道小行星帶(asteroid belt)。一些飛近地球的小行星就是從這道小行星帶而來的。驟眼看，木星好像是對地球造成危險而非保衛地球啊！然而，木星的強大引力卻會把許多原本衝向地球的小行星和彗星拉開，甚至會把它們拉向自己。1994年，天文學家親眼目睹了木星把一顆名為蘇梅克-列維九號(Shoemaker-Levy 9)的彗星扯離其原有軌道，並把它撕成許多碎片。蘇梅克-列維九號彗星的碎塊最後更撞上木星，上演了一場小型宇宙煙花表演。

另外一個地球防衛隊的成員月球，雖然比木星細小得多，但它對地球的保護實在是功不可沒的。如果大家使用簡單的雙筒望遠鏡在清澈的夜晚望向月球，尤其是在除了新月和滿月以外的日子，可以清楚看見月球表面並非平滑的，而是有著起伏不平的地勢和山丘。這些地形是月球在過去45億年被隕石撞擊所形成的。

事實上，地球本來是沒有天然衛星的。在大約45億年前，月球的前身是一顆與火星差不多大小的行星。這顆行星不小心撞上了地球，化成了無數碎片。這些碎片被地球的萬有引力捉住，形成了一個環在太空中圍繞地球，就像今天的土星環一樣！漸漸地，這個環再度組合成一顆衛星繞著地球轉動，成為我們今天熟悉的月球。對比起地球的大小，月球其實是一顆非常巨大的衛星，其直徑足足有地球的1/4！科學家相信，如果沒有月球這麼巨大的衛星，地球就會承受更多的隕石撞擊，其中一些更有可能會影響到生命的演化。

地球上的生命得以繁衍，真是多得了木星和月球這兩個地球防衛隊成員啊！

[1]TNT是Trinitrotoluene的縮寫，完整化學學名為2,4,6-三硝基甲苯(2,4,6-trinitrotoluene)。

[2]銥是重金屬的一種，在地球形成的時候大部分已經沉入地球核心之中。相對地，在小行星和隕石上則保存了大量太陽系形成時已存在的重金屬。因此，富含銥元素的地層是隕石撞擊的證據。

[3]恐龍(Dinosaurs)的定義在學術界仍有爭議。較主流的共識是，恐龍並未完全滅絕，其中一條沒有絕種的分支演化成了今天的鳥類。

保衛地球
E

「天外來客」

2017年10月19號，地球的天文學家在天空中發現了一個從未出現過的光點。通常來說，這種光點都是小行星或者彗星，但這次有點不尋常。經過計算，這個光點的軌道顯示它正在以高速離開太陽系。

為甚麼天文學家知道這光點將會永遠離開太陽系呢？這就跟天體力學有關。在宇宙中，萬有引力主宰星體的運動軌跡。而在萬有引力作用下的星體軌跡只能有四種可能性[1]：

1.正圓形（circle）
2.橢圓形（ellipse）
3.拋物線（parabola）
4.雙曲線（hyperbola）

其中正圓形和橢圓形軌跡是所謂的封閉軌跡，星體會留在太陽系內。拋物線和雙曲線則是所謂的開放軌跡，星體只會經過太陽一次，然後就會永遠離開太陽系。

天文學家依靠觀測這個光點幾天裏的軌跡，重構出它的整個軌跡，發現它的軌跡是條雙曲線。由於它是人類發現首個從宇宙而來拜訪太陽系的天外來客，天文學家更為它起了一個很有意思名字「奧陌陌」('Oumuamua)，在夏威夷語中的意思是「從遠古而來的信使」，因此中文又稱為「信使星」或「斥候星」。

一開始，有些天文學家以為奧陌陌是顆彗星，可是始終看不到它有彗星的尾巴。另一些天文學家則認為它是顆小行星，可是亦看不到它像許多小行星一樣在接近太陽的時候從地下噴出氣體。因為天文學家是在奧陌陌離開太陽系的路上才發現它的，所以觀察它的時間並不多，收集不到太多數據，只能推測它長度大約300米，而且呈非常奇怪的長條狀，長度達到闊度的8倍。

根據最新的研究，有些天文學家認為奧陌陌是是由氮冰（nitrogen ice）構成的。很久很久以前，某個外太陽系裏一顆類似冥王星的冰封行星被另一顆行星撞得粉碎，而奧陌陌正是撞擊後噴射出宇宙的碎片！

遇見奧陌陌之後，天文學家很想再深入了解這些天外來客，究竟它們是否都像奧陌陌一樣，還是有許多不同種類呢？幸運地，天文學家在2019年又發現了第二個天外來客「包里索夫」（Borisov）！

這次天文學家從包里索夫進入太陽系時就發現了它，並且觀察到它的彗尾和彗髮，確認它是一顆彗星。它比奧陌陌更巨大，直徑大約6公里。它亦打破了人類觀察過的最快星體紀錄，相比起奧陌陌脫離太陽系的每秒26公里，包里索夫脫離太陽系的速度更達到每秒30公里！

來自星際空間的奧陌陌和包里索夫擴闊了天文學家的眼界。隨著天文望遠鏡的技術越來越進步，未來天文學家可望發現更加多天外來客，向人類展示宇宙更加多的奧祕。

[1]數學上，這四種軌跡都能夠從不同方向切開一個圓錐體而得到，因此統稱為圓錐曲線(conic sections)。

'OUMUAMUA
AHAHAHA
ALOHA
至少也提一下Borisov包里索夫嘛！
第二次發現的天文學家Borisov

Chapter 3
銀河和星系

「天涯若比鄰」

//海內存知己
天涯若比鄰//

這句詩出自唐代詩人王勃的《送杜少府之任蜀州》，意思是只要知道四海之內有個知己朋友，即使分隔天涯海角亦感覺像在身邊一樣。句中的「比鄰」就是指在鄰近的意思。然而大家又知道在宇宙中，太陽在宇宙中亦有一顆比鄰星嗎？

在春夏交替之際，如果我們身處地球上北緯30度以南的地區，望向星空就可以看見一大片範圍廣闊的星空，屬於星座半人馬座(Centaurus)。每個星座裏都有很多顆恆星，恆星的命名依據恆星的光度使用希臘字母順序排列，例如半人馬座裏面最光亮的一顆星叫做半人馬座α星(α Centauri)、第二光亮的叫做半人馬座β星(β Centauri)第三光亮的叫半人馬座γ星(γ Centauri) ……如此類推。[1]

從前以為半人馬座α星——中文命字叫南門二——是一顆單獨的恆星，就如同我們的太陽一樣。隨著現代科技進步，製造天文望遠鏡的技術也先進了不少，望遠鏡的放大率也比從前更高。利用高倍放大率的天文望遠鏡，天文學家們發現半人馬座α星原來不只是一顆恆星，而是有三顆互相環繞運轉的恆星！他們稱這種恆星系統為三合星系統（triple star system）。半人馬座α三合星的三顆星分別稱為半人馬座α星A、半人馬座α星B和半人馬座α星C。其中有趣的是，半人馬座α 的A和B星互相環繞轉動，而C星則在約0.2光年[2]的遠處慢慢環繞A、B兩星公轉，公轉一次大約需時55萬年。

大家不妨嘗試閉上一隻眼看著眼前的一件物件，如果接下來閉上另一隻眼看，會發現物件相對背景的位置改變了，這就叫做視差(parallax)。因為每相隔半年時間，地球就會繞到太陽的另一邊去，天文學家就可以利用視差法去測量各恆星與地球之間的距離。他們發現所有的恆星之中，半人馬座α三合星是最接近地球的恆星系統，其中A和B星距離地球約4.37光年，而在外圍的C星現在距離地球約4.244光年。因此，半人馬座α三合星當中的C星被冠以比鄰星(Proxmia Centauri)之名。

比鄰星是最接近太陽系的恆星鄰居，那麼最接近的行星呢？在2016年，天文學家發現離比鄰星大約750萬公里處有一顆行星環繞其公轉。這顆行星被命名為比鄰星b (Proxmia Centauri b)。其後於2019年，另一顆行星——比鄰星c (Proxmia Centauri c)——又在距離比鄰星2.2億公里的軌道上被發現。因此，這兩顆行星是最接近地球的太陽系外行星(exoplanet)[3]而且比鄰星c更是首顆被望遠鏡直接拍攝到的太陽系外行星。

值得一提的是，比鄰星b非常接近比鄰星(750萬公里)，而相比之下最接近太陽的水星的軌道亦達3,000萬至4,600萬公里[4]。

然而，比鄰星卻是一顆比太陽細小得多的恆星，所以比鄰星b竟然是位於適居區之中！不知道比鄰星b上面，會否真的有生物存在，未來人類又能否飛過去探訪這個地球的比鄰呢？

[1]這種「星座名稱+希臘字母」的恆星命名方式稱為巴耶命名法(Bayer designation)，是天文學家約翰·巴耶(Johann Bayer)在1603年出版的星圖《測天圖》裏面首先使用的。不過由於古時對星座與現代天區的劃分有所不同，部分星座裏的恆星的希臘字母並非根據光度排列。

[2]很多人都以為光年(light-year)是量度時間的單位，其實這是誤會啊！光年的意思是「光線在一年之中前進的距離」。光線每秒前進299,792,458米，所以一光年就等於9,454,254,955,488,000米。

[3]太陽系以外的行星，叫做太陽系外行星，有時會簡稱作系外行星。

[4]水星的軌道並不像其他七大行星般接近正圓形，而是個橢圓形，所以最接近太陽和最遠離太陽的距離可以相差很遠。

打擾一下，我是你的鄰居（地球人），
我正在煮飯，
想問你借點糖及豉油。

「宇宙星雲」

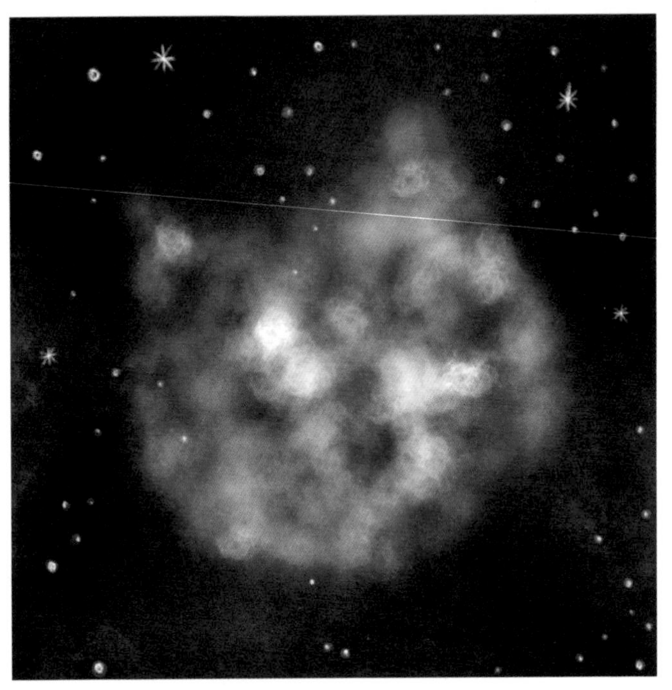

輕便的雙筒望遠鏡不單可以用來遠觀雀鳥，也能夠觀察月球表面的隕石坑。如果利用更高放大率的天文望遠鏡，更可以看見金星的盈虧、木星的衛星，甚至土星環等。大家又知道除了這些太陽系成員之外，又可以看見甚麼有趣的東西呢？

太陽系與比鄰星系統，都是在銀河系(Milky Way Galaxy)裏面的恆星系統，環繞銀河核心公轉。銀河系是一個偏平狀的恆星集合，擁有超過1,000億顆恆星，直徑達20萬光年，厚度卻只有約2,000光年，是直徑的1/100。因此從銀河系裏面看，它就像一道由無數光點聚集而成的光帶，因而得名「銀色的河流」或「奶白的道路」。

在銀河系裏，除了恆星外，其實還有很多非常值得觀賞的星雲(nebulae)。星雲是漂浮在宇宙空間中的「雲朵」，由各種星際塵埃和氣體組成。如果用普通天文望遠鏡觀察，可以看見朦朧的一片雲霧，但如利用性能比較高的天文望遠鏡，就可以看見非常漂亮的彩色星雲！

這些宇宙星雲，部分是在120至130億年前第一代恆星誕生的時候剩下來的氣體，絕大部分都是氫元素。不要小看在望遠鏡中看到的星雲，它們的尺寸可是比整個太陽系更巨大的！恆星就是在星雲中誕生的，因此星雲有時亦會被稱為「恆星的搖籃」。

氫是宇宙中最輕的元素。銀河系裏的星雲，除了由宇宙誕生時遺留下來的氫原子組成之外，也包含其他元素如氦、碳、氧、氮、矽，甚至金、銀、銅、鐵等。銀河系裏每秒鐘都有許多恆星誕生和死亡，而星雲裏那些比較重的元素，原來是從恆星死亡過程中被拋到宇宙空間中的！像太陽大小的恆星，步入死亡前會把外層拋入太空，成為行星狀星雲(planetary nebulae)[1]；比太陽重差不多10倍的恆星則會發生超新星爆發(supernova explosion)，把大量重元素高速投射到宇宙之中，成為超新星殘骸(supernova remnant)。這兩者都是常見的星雲，例如屬於行星狀星雲的戒指星雲(Ring Nebula)和屬於超新星殘骸的蟹狀星雲(Crab Nebula)都是非常著名和容易觀察的星雲。

如果在星雲附近或者裏面有剛剛誕生的恆星，其釋放出來的大量高能量幅射(例如紫外光和X光)就會電離星雲中的原子，因此這個區域就會充斥著不同種類的離子(ions)[2]，天文學家稱之為電離氫區(HII region)。離子又會與電子重新結合，過程中不同種類的元素會釋放出不同顏色的光線。因此，電離氫區通常都泛著七彩繽紛的顏色。有名的獵戶座大星雲(Great Orion Nebula)、鷹星雲(Eagle Nebula)等等，都有著非常巨大而且容易觀察的電離氫區。

下一次，當大家在望遠鏡中看見這些星雲的時候，一顆新的恆星可能即將誕生呢！

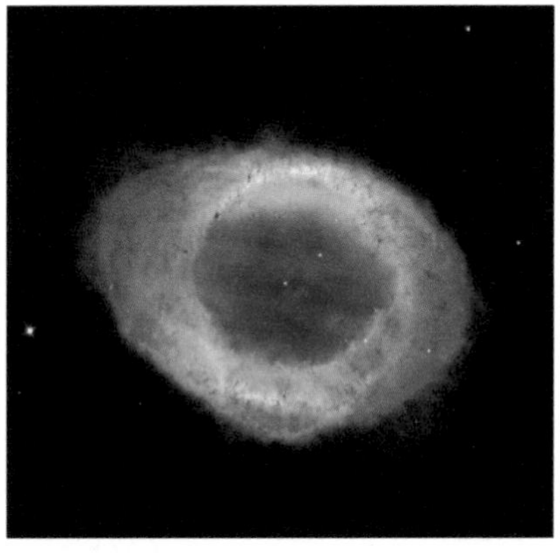

戒指星雲 (The Ring Nebula)
Credits:
NASA, ESA and the Hubble Heritage (STScI/AURA)-ESA/Hubble Collaboration

蟹狀星雲 (The Crab Nebula)
Credits:
NASA, ESA, J. Hester and A. Loll (Arizona State University)

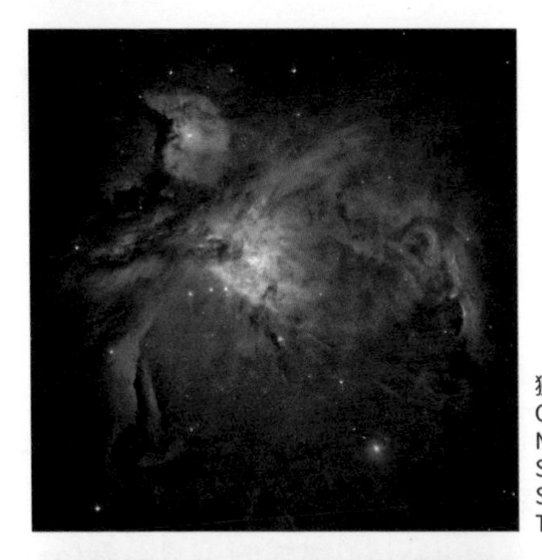

獵戶座大星雲 (The Orion Nebula)
Credits:
NASA,ESA,M. Robberto (Space Telescope Science Institute/ESA) and the Hubble Space Telescope Orion Treasury Project Team

鷹星雲 (The Eagle Nebula)
Credits:
NASA, ESA and the Hubble Heritage Team (STScI/AURA)

[1]行星狀星雲和行星並沒有任何關係。名字源自從前的望遠鏡分辨率很低，天文學家們看不清楚，覺得這些星雲的形狀好像行星的軌道般，就起了這個令人誤會的名字了。

[2]電離是指電中性原子裏的電子吸收了足夠的能量而脫離原子核的束縛。失去了電子的原子叫做離子。

「銀河鐵道」

宇宙極端廣闊。

如果把整個宇宙的地圖印在一頁紙上，我們會看見宇宙由最基本的一點點光點組成。然而，那些光點並不是一顆顆恆星，而是一個個由成千上萬個星系(galaxies)構成的超星系團(galaxy superclusters)。可觀測宇宙(observable universe)[1]之中大概有1,000萬個超星系團！

其中一個超星系團叫做室女座超星系團(Virgo Supercluster)，是我們的銀河系所在的地方。室女座超星系團擁有至少100個星系群(galaxy groups)和星系團(galaxy clusters)。星系群和星系團都是許多個星系的集合，兩者的劃分並不是那麼清晰。大致上，星系群通常是指由幾十個星系聚集在一起的結構，而星系團是指比星系群大一點的星系結構。

銀河系是一個叫做本星系群(local group)的星系群的成員。本星系群由54個星系組成，其中銀河系是第二大的星系，最巨大的星系是仙女座星系(Andromeda Galaxy)。雖然仙女座星系的直徑與銀河系都差不多是20萬光年，仙女座星系擁有的恆星數目竟達10,000億之多，差不多是銀河系2.5到10倍！[2]第三大的則是一個叫做三角座星系(Triangulum Galaxy)的星系，擁有大約

400億顆恆星，直徑約為6萬光年。

仙女座星系、銀河系和三角座星系是本星系群中僅有的三個螺旋星系(spiral galaxies)，其他51個星系都是比較細小的星系，大部分都是仙女座星系、銀河系或三角座星系的附屬星系。螺旋星系的特點是擁有明顯的螺旋結構，叫做旋臂(spiral arms)，太陽系就是位於銀河系其中一條叫做獵戶座旋臂(Orion Arm)的旋臂之中。

仙女座星系離銀河系250萬光年之遙。換句話說，我們今天通過天文望遠鏡看到來自仙女座星系的光線，是在250萬年前發出的。因此，我們看到的仙女座星系其實是它在250萬年前的模樣！當我們遙望星空，遙望宇宙，我們其實是在觀看從前。天文望遠鏡，某種意義上可以說是時光機，讓天文學家研究宇宙的過去。

上世紀有一套經典的漫畫，當中有一列能夠穿梭宇宙空間的「銀河鐵道列車」從地球出發，目的地就是仙女座星系。在現實中，如果科學家未來真的在本星系群中建立起一個鐵道網絡，大家又會乘坐這列星際列車在本星系群中到處冒險嗎？

喵喵喵
Cat's Food
銀河鐵道喵喵喵

[1]我們會在下一章討論甚麼叫做可觀測宇宙。

[2]根據不同的研究，銀河系的恆星數目在1,000億和4,000億之間。

「宇宙的盡頭」

宇宙有多大？

如果問「整個」宇宙有多大的話，天文學家是答案是：「不知道。」這個「不知道」並不是因為人類的科學知識不足、亦非天文學家的望遠鏡不夠精良，而是宇宙的一個基本定律所導致的：光速永恆不變。

根據愛因斯坦的相對論，光線的速度是宇宙中的極速，沒有任何東西能夠跑得比光更快。光線每秒行走299,792,458米，大約等於30萬公里，足夠環繞地球7.5圈。如果坐上以光速飛行的太空船，只需要1.28秒就能從地球飛到月球！然而，對人類來說這麼快的光速，在無垠廣闊的宇宙面前，依然是慢得微不足道。太陽系半徑大約兩光年，銀河系直徑20萬光年，仙女座星系距離我們250萬光年。換句話說，即使是宇宙裏最快的光線，單單是離開太陽系也要花兩年，從銀河系的一邊跑到另一邊就要花20萬年，如果要坐光速銀河鐵道列車到仙女座星系就要花250萬年！

那麼比仙女座星系更遠的地方呢？只要是在本星系群內的星系，不怕花上幾百萬年在宇宙空間中飛行的話，也是可以到達的。但如果要飛往其他的星系群和星系團的話，光速是遠遠不足夠的。這是因為原來宇宙空間是會膨脹的！在1919年，哈勃(Edwin Hubble)利用美國加州威爾遜山天文台的100吋（2.54

米）望遠鏡測量各個星系的距離和移動速度。他發現差不多所有星系都在後退，並且離地球越遠的星系就後退得越快。這就是著名的哈勃定律，是宇宙膨脹的直接觀測證據。

愛因斯坦的相對論可以解釋哈勃定律，後來天文學家更發現，宇宙膨脹正在加速，因此很大可能會永遠地膨脹下去。這樣的話，即使光速飛行的列車飛出了本星系群，也永遠不可能到達另一個星系群或星系團，因為宇宙膨脹的速度會超越光速！不過大家仍然可以探訪本星系群裏的各個星系，因為它們之間被萬有引力互相束縛著，不會被宇宙膨脹而拉開。

現在可以回到最初的問題了：宇宙有多大？因為宇宙膨脹的速度比光速還快，所以在宇宙中極遙遠的地方出發的光線，是永遠也不可能到達地球的。亦因為如此，天文學家永遠也不可能看見「整個宇宙」，當然也不可能知道「整個宇宙」有多大了。那麼「光線能夠到達地球的宇宙範圍」又有多大呢？天文學家和宇宙學家把這個範圍稱為可觀測宇宙，是個球狀的空間，直徑大約930億光年[1]。對人類、對地球、對太陽系、對銀河系，甚至對本星系群來說，這個球狀空間的邊緣就是宇宙的盡頭。

[1]根據美國太空總署在2016年的研究，宇宙的年齡是137.7億年。大家可能會感到奇怪，既然宇宙年齡只有137.7億年，為可觀測宇宙的大小會是更巨大的930光億年呢？如果宇宙膨脹是均速的話，那麼的而且確宇宙不可能會比137.7億光年更大。但事實上宇宙是加速膨脹的，所以本來在137.7億光年遠的地方，就會變成更加遙遠了。

Chapter 4
宇宙奧祕

「恆星死亡筆記」

恆星雖然有著「永恆」的意思，事實上恆星的壽命是有限期的。一顆恆星的壽命到底有多長，完全取決於它的質量。

我們太陽在50億年前誕生，並會在大概50億年後死亡。所以太陽現在算是一顆「中年」恆星吧！太陽的質量差不多有2百萬億億億公斤，足足是地球的333,000倍。擁有與太陽差不多質量的恆星，壽命都在100億年上下。在50億年後，太陽內部許多氫都已經變成氦，並且集中在太陽的核心裏。這使得太陽核心的密度和溫度上升，令太陽外層的氫殼膨脹，並從主序星變成紅巨星。

由於膨脹，紅巨星的表面溫度會降低，看起來就是紅色的。紅巨星會逐漸轉變為紅超巨星和漸近巨星分支恆星(asymptotic giant branch stars, AGB stars)，並在過程中把大量最外層的氫拋進宇宙空間之中。最終，恆星會失去全部外殼，剩下一顆與地球差不多大小的白矮星(white dwarf)，而之前被拋入太空的外殼則會成為行星狀星雲。白矮星雖然不會繼續燃燒核燃料，但由於其質量仍然與太陽相若，因此密度極高，仍然會散發出極強的光線，表面溫度可達攝氏10萬度之高！

大家可能會以為質量越高，恆星的壽命就應該越長吧？然而事實上，越高質量的恆星，壽命竟然越短！這是因為質量越高的恆星，其燃燒核燃料的速率越快，因此壽命就越短了！比太陽質量高8倍以上的恆星，燃燒核燃料的速率非常高，體積非常巨大，直徑可達太陽的100倍，但是卻只有幾千萬年壽命。高質量恆星的表面溫度非常之高，可達攝氏2至5萬度，所以它們看起來就是藍色的，因此被稱為藍超巨星。

藍超巨星並不單會燃燒氫和氦，更會燃燒更重的元素，例如碳、氧、矽等等。最終，恆星的核心會剩下鐵，核反應會漸漸變慢。失去了核反應釋放出的能量去抵抗萬有引力，恆星的外層就會向核心坍縮。當坍縮的物質撞上鐵核心，就會反彈並引發超級強烈的爆炸，這就是超新星爆發[1]。超新星爆發在一秒之間所釋放出的能量，比整個銀河系的恆星放出的能量總和更多！

大家又會問，比太陽質量低很多的恆星呢？介乎13到80倍木星質量的恆星，叫做棕矮星。它們是剛剛夠重點燃核反應的恆星，只比行星重不太多。如果它們的質量再低一點點的話，就只能成為一顆巨型行星了。棕矮星雖然不會爆炸，也不會向宇宙拋棄外殼，但由於它們只能燃燒少量核燃料，所以僅僅能發光幾千萬年。當它們的核燃料用盡，就會慢慢變得暗淡，最後成為完全看不見的黑矮星。

[1]超新星有幾種不同類型，這種由高質量恆星自我引爆的叫做II型超新星(Type II supernovae)。

太陽誕生
50億年
我是主序星，重約
2百萬億億億kg。
現在
表面溫度：6000°C
我只有約6億億億kg，
太陽是我的333000倍。
雖然我成了白矮星，
但質量不變，
繼續可以發光！
太陽的外殼組成
行星狀星雲
死亡
表面溫度：10萬°C

表面溫度：4000°C

我內部的氫變成氦，
我現在是紅序星。

50億年

膨脹250倍

水星、金星、地球也被吞噬了。

我逐漸變為
紅超巨星及AGB恆星。

氫

現在你跟我
差不多大小了。

甩甩甩……

「宇宙燈塔」

從前未有全球衛星定位(GPS)的時候，在海上航行的船隻除了依靠北斗七星尋找方向，也需要靠建造在陸地上的燈塔導航，以避免觸礁。大家有沒有想像過，如果未來人類發明了能夠在星際宇宙空間中穿梭的銀河鐵道，又可以用甚麼方法來導航呢？畢竟在銀河系內不同位置觀看星空，星座的模樣就會變得完全不一樣了啊，所以就不可能利用星座圖案來辨別方向了。

不用擔心，原來在星際空間之中也存在著一種宇宙燈塔！在1932 年，物理學家朗道(Lev Davidovich Landau)提出了一個假設：一顆星體有沒有可能完全由不帶電荷的中子[1]構成？後來在1967年，伯奈爾女爵士(Dame Susan Jocelyn Bell Burnell)在檢查無線電波望遠鏡的觀測數據的時候，發現了一個非常規律的週期訊號，看上去就好像一座燈塔發出的光一樣！她與希域斯(Anthony Hewish)把這個發現叫做「小綠人」(Little Green Men)，以為他們發現了外星生命傳來的訊號！

之後，經過天文學家們反覆觀測和檢驗，才明白到這是一顆自轉非常快的星體所放出的無線電輻射。自轉得快的，每秒自轉約1,000次；自轉得慢的也每秒自轉約1次。想像這是一個轉得像摩打一樣快的星體！亦由於它們自轉得這麼快，天體物理學家計算出星體的直徑應該只有約20公里，即只比香港島大一點點，可是星體的質量卻比太陽更重！因此這種星體的密度就相當高，天體物理學家們下結論說，除了由中子構成的中子星(neutron star)，沒有其他物質能夠達到如此高的密度[2]。

我們在前一章討論過，當一顆質量比太陽高8倍或以上的恆星死亡時會發生超新星爆發。爆炸後，外面的物質被拋出宇宙空間之中，剩下來的核心會坍縮。如果剩下的質量大約在1.4個太陽質量上下，就會形成中子星。那為甚麼中子星會放出強烈的無線電波輻射呢？原來中子星的磁場比地球的磁場強1億倍以上，而且表面溫度高達60萬至100萬度，因此令其大氣[3]中的帶電粒子會沿磁極軸方向發射向宇宙中。如果磁極軸方向週期性地「掃中」地球方向的話，我們就會看見有如燈塔一樣的脈衝訊號，因此中子星又稱為脈衝星（pulsar）。

最後來說明一下為甚麼中子星自轉得那麼快。大家看過花式溜冰運動員表演自轉嗎？當他們把向外伸直的手和腳慢慢向身體屈曲，這時候他們的自轉就會變得越來越快。這是物理學上的角動量守恆定律。就算大家不懂蹓冰，也可以在家中試試：手向外伸地坐在可以旋轉的工作椅上自轉，當大家把手向身體屈曲，自轉就會變快了！

每顆脈衝星的無線電輻射訊號也不相同。而由於它們自轉得非常快，訊號非常穩定，因此可以用來在宇宙中定位和導航！在1977年，兩艘無人太空船「航行者一號」和「航行者二號」各自帶著一張金唱片，向太陽系外飛去。金唱片內，記錄了人類的模樣、各種科學知識、各種人類語言的祝福語（包括廣東話）、各種自然現象和動物的聲音，還有一幅以14顆脈衝星的相對位置畫出的宇宙地圖，告訴外星文明地球在銀河系中的方位。

[1]各種元素的原子由帶正電荷的質子(proton)、帶負電荷的電子(electron)，以及電中性的中子(neutron)組成。

[2]一茶匙的中子星物質比1,000萬條藍鯨更重！

[3]由於中子星強大的萬有引力，其大氣層只有大約10厘米厚。

[4]如果雙手拿著重物效果會更明顯。

說甚麼你比我們強，就讓我們
一千萬條藍鯨一起教訓你！
嘩～
轉轉轉
我用一支茶匙
對付你們已綽綽有餘。
太重了～！
*一茶匙的中子星物質比1000萬條藍鯨更重

「黑洞之謎」

我們在前一章討論過，超新星爆發後剩下來的核心質量如果大約在1.4個太陽質量上下，就會成為一顆中子星。但如果剩下的核心質量更高，就沒有任何物質壓力能夠抵抗萬有引力，核心就會成為一個連光線也無法逃離的區域——黑洞(black hole)。

黑洞是一個連光線也會被彎曲，不再以直線前進的宇宙區域。因為黑洞邊界附近的時空極度扭曲，即使以光速向外飛行，仍然會被吸向黑洞！既然連光速這個宇宙極速都無法逃脫，任何在黑洞邊界裏面發生的事情，黑洞外面都無法得法。而且一但被吸進黑洞邊邊以內，就再也沒有辦法回到宇宙了！因此，黑洞的邊界又稱為事件視界(event horizon)。

現在大家來一起做個思想上的實驗：假設我們是超人，不怕黑洞的強大萬有引力，能夠完好無損地飛進黑洞。在落入黑洞的過程中，我們會看見甚麼？

愛因斯坦的相對論說，萬有引力越強大，時間流逝得越慢。我們在飛向黑洞的途中，就會感覺到遠方的事件開始變快。越接近黑洞，遠方的事物就會變得越快。進入黑洞之後，雖然不可能再回到宇宙中，我們仍然可以看見黑洞外面的宇宙。我們會發現自己所感受到的時間一切正常，但黑洞外面的時間則變得極快。整個宇宙未來所有會發生的事情，我們竟然可以在一瞬間看完！

黑洞可以不斷把物質吞下，甚至連整顆恆星也能吞噬。黑洞也有不同大小，由城市大小的到星系大小的都有。如果太陽變成了黑洞的話，直徑只有大約6公里。不過天文學家們發現，包括我們居住的銀河系在內，宇宙中每個星系中心都有一個超大質量黑洞，質量可以比幾百萬個太陽更多！

黑洞看似比恆星更永恆不滅，但原來並非如此。在1974年，霍金(Stephen Hawking)發現黑洞會「蒸發」。根據他的計算，在黑洞的事件視界外充滿許多虛粒子對(virtual particle pairs)。這些虛粒子對是從虛無之中產生的，只會在極短時間之內出現，隨即互相碰撞消失，化回虛無。如果這些虛粒子對的其中一方越過了事件視界，就無法與其伴侶碰撞消失。落入黑洞的粒子帶有負能量，因此黑洞就會逐漸縮小；另一方面，另一顆粒子就會發向宇宙空間中。從遠方觀看的話就好像黑洞把質量輻射到宇宙裏，因此這現被稱為霍金輻射(Hawking radiation)。這是科學家首次發現，黑洞並非永恆，終有一天連黑洞也會蒸發，消失於宇宙之中。

霍金曾以此黑洞蒸發理論來比喻生命。他說：「如果你感覺身處黑洞裏，不要放棄。那裏總有出路。」

話說那隻於龜兔賽跑中輸了的兔子往宇宙散心，於事件視界以望遠鏡望向地球。
Event Horizon

基於愛因斯坦的相對論，越接近黑洞，遠方的事物就會變得越快，所以兔子看到……
甚麼？烏龜竟然跑得這麼快？

兔子感到一輩子也無法超越烏龜，返回地球後仍一蹶不振。
難道我這輩子也無法一雪前恥？

這時一位物理學家出現，他摸摸兔子的頭……

霍金說：「如果你感覺身處黑洞裡，不要放棄。那裡總有出路。」所以別氣餒！
身為物理學家，你不是應該先了解兔子是如何前往事件視界並安全回來嗎？
你誰啊？

「宇宙大爆炸」

宇宙究竟是如何誕生的？

愛因斯坦的廣義相對論是研究宇宙誕生、演化、終結的科學理論。不過，其實愛因斯坦提出廣義相對論時，並不相信宇宙有誕生的一刻。他認為宇宙既無需誕生，也不會演化，亦沒有終結，是永恆存在的。

宇宙不是永恆的證據，來自觀察其他星系所發出的光線。在1929年，哈勃(Edwin Powell Hubble)發現許多星系都在往後退，而且星系離地球越遠、後退速率越快。這就好像大家都想要遠離地球似的！當然，這並非沒有可能，但在科學中，我們必須先考慮其他可能性比較高的理論。其中最自然的解釋，就是我們在〈宇宙的盡頭〉一章中討論過的宇宙膨脹。

宇宙膨脹並不單能夠解釋星系的後退，亦可以幫助宇宙學家研究宇宙的誕生。大家試試想像宇宙是一套電影。如果我們把電影倒轉播放的話，星系不就會越來越接近囉？換言之，在從前某個時刻，全宇宙中所有星系都是集中在一起的！這個時刻就是大約137.7億年前，稱為宇宙大爆炸(Big Bang)的時候，是宇宙誕生的日子。愛因斯坦看了哈勃的研究數據後，就收回了宇宙永恆的主張了。

宇宙大爆炸時釋放出的能量產生了幾種元素：氫、氫的同位素[1]氘(又叫重氫)、氦的兩種同位素氦-3和氦-4，還有少量的鋰。現在，這些元素佔了宇宙中所有物質的大約5%。大家會問，那麼另外的95%呢？原來在宇宙誕生的時候，並不單止創造了普通物質，也創造了暗物質（dark matter）和暗能量(dark energy)。

暗物質佔現在宇宙的27%，是星系能夠形成的原因。天文學家們測量星系中的恆星移動速度時，發現恆星環繞星系中心公轉得實在太快了。他們觀察到每個星系的質量所產生的萬有引力，並不足以抓住運行得這麼快的恆星。就好像一輛跑車高速入彎，如果輪胎的摩擦力不夠的話，就會衝出跑道了。因此，天文學家們推論，星系中必定有著非常之多的暗物質，而且是用望遠鏡觀察不到的。

最後，暗能量佔現在宇宙的68%，是我們提過的宇宙加速膨脹的成因。暗能量就像為宇宙產生了一種反引力效應，把宇宙中的所有物質互相推離。而且更有趣的是，當星系們因宇宙膨脹而距離得更遠時，暗能量的效果就會變得更大，令宇宙加速膨脹得更快。

最終，宇宙裏的所有星系都會因為宇宙膨脹而互相隔絕。於非常遙遠的未來，在本星系群裏面生活的生物，永遠只能看見本星系群裏的星星。那時候，本星系群裏所有星系亦早已結合成唯一一個星系，叫做銀仙系(Milkdromeda galaxy)。當銀仙系裏最後一顆恆星都熄滅，宇宙就會永遠漆黑一片。

[1]同位素指的是同一種元素，但擁有不同的中子數目。

我的新創作：
銀仙系最後一顆恆星熄滅後
你還是當物理學家好了。

廣闊無垠的宇宙之中有許多神祕的事情。其中最深奧的問題，可能就是生命的起源。

生命從哪裏來？地球上的第一個生命是甚麼？是不是有機份子(organic molecule)？生命源於太陽系內還是太陽系外？我們都是星塵嗎？

有些天文學家認為地球上的有機份子是在古代大海之中合成的，但也有一些認為它們自來過去撞擊地球的隕石。細小的原子和份子通過吸收閃電、火山的能量而結合，成為更大型、更複雜的有機份子。這也可能發生在其他行星之上，然後經由星體碰撞被拋進宇宙，隨著隕石抵達遠古時代的地球。

從前科學家認為複雜的有機份子只能在地球上特定的環境下形成。前香港大學理學院院長郭新(Sun Kwok)教授是恆星演化晚期(late-stage stellar evolution)和行星狀星雲的專家，他發現複雜的有機份子普遍存在於宇宙空間之中。演化階段晚期的恆星會向宇宙空間釋放恆星風，恆星風內擁有構成有機份子的原材料，複雜有機份子在真空下仍然能在幾千年間被合成出來。這些有機份子亦可能附在隕石中落到地球上。

科學家們普遍認為生命源於古代地球的海洋。在大海中，細小的份子通過自然的化學反應組合成為越來越大的份子，而其中一些能夠利用大海中的資源自我複製。自我複製的過程並非完美，其中會演變出各種不同的、能夠自我複製的份子。漸漸地，資源越來越少，各位份子開始互相爭奪大海中的資源。然後到了資源差不多耗盡之時，某個新演變出來的份子擁有拆散其他份子的能力，可以把其他份子變成複製自己的材料。這應該就是地球上第一個獵食者了。

當然，也有一些演變的結果會使得新份子的覓食能力比其他份子低，這些份子就會被淘汰。現今我們稱之為突變(mutation)。突變後的個體如果比其他個體更能適應環境變化、擁有更多的後代的話，就會演化出新的物種。

隨著時間一路推移，份子互相爭奪資源和獵物。自我複製速率高、拆解對手能力強的份子，就會成為最後的贏家。有些份子演化出保護自己的外殼，可能是類似細胞膜的東西，也有一些演化出破壞這些外殼的方法，有一些更可能演化出殺死外殼裏頭的份子，取而代之的獵食方式。這場演化戰爭，直到DNA(脫氧核糖核酸)終於演化出來才成功打敗了所有採取其他生存戰略的份子。地球上一切生命，包括所有動物、植物、原生生物、原核生物、真菌，體內的遺傳物質都是DNA。

地球是我們唯一知道的有生命存在的行星，提供了生命所需的一切。生命能在陸地、海洋和天空繁衍、大氣層供應氧氣和抵擋紫外線、磁場阻隔來自宇宙的輻射等等。恆星和行星是生命演化的能源和舞台。集合這麼多條件才能孕育出我們熟悉的生態環境，在在提示我們，生命在宇宙中無比珍貴。

思考題

思考題

01 烏龜上的宇宙

1.古人說的「宇宙」與現代科學家說的「宇宙」有何異同之處？

2.如果世界真的是平的，我們會看見甚麼現象？我們可以在亞洲看見美洲嗎？太陽，月球，星星的軌跡又會否和在球狀的地球上看見的一樣？

02 徒步量地球

1.圓周率π等於多少？你可以想出一個計算π的方法嗎？

2.宇宙有中心嗎？如果有，你認為宇宙的中心在哪裏？

03 原子與元素

1.原子是不是最細小的基本粒子？如果不是的話，又有哪些比原子更基本的粒子呢？

2. 元素週期表之中總共有多少種元素？

04 數學宮殿

1.你能定義甚麼叫做直線嗎？

2.在地球的表面上，平行線會不會相交？

05 星空圖畫

1.你能夠把八大行星，由距離太陽近至遠地排列出來嗎？

2.聽常聽到的「黃道12星座」，與國際天文聯會劃分的88個星座有關係嗎？「黃道」又是甚麼？

06 行星音樂會

1.如果我們乘坐太空船飛，可以降落在木星上嗎？為甚麼？

2.從前第九大行星「冥王星」在2006年被國際天文聯會剔除在行星之外，你知道理由是甚麼嗎？

07 彗星循環線

1.除了哈雷彗星，你又知道哪些彗星呢？它們多少年環繞太陽運行一次？

2.除了萬有引力定律和運動定律，牛頓還發現了哪些科學和數學定律？

08 太陽傳說

1.太陽看起來為甚麼是橙紅色的？

2.你知道地球上各種生物是如何利用太陽的能量來生存的嗎？

09 蒼藍一點

1.你能夠想像到，在其他行星上的天空是甚麼顏色的嗎？為甚麼？

2.你認為宇宙中有沒有外星生命？如果有的話，牠們的智慧會比人類高還是低？為甚麼？

10 月晴月缺

1.月球的盈虧有哪幾種不同的月相？

2.日食和月食有不同成因，你知道是甚麼嗎？

11 地球防衛隊

1.多大的隕石會對人類造成毀滅性的危機？

2.如果你發現一顆隕石將會撞上地球，你能想出解決方法嗎？

12 天外來客

1.為甚麼萬有引力造成的軌跡必定是圓錐曲線？

2.如果奧陌陌或包里索夫速率慢一點的話，有可能被太陽的重力捕獲，成為太陽系成員嗎？

13 天涯若比鄰

1.你想飛到比鄰星上居住嗎？為甚麼？

2.在太空中生活的太空人必須克服甚麼困難？

14 宇宙星雲

1.如果飛到銀河系外面看，銀河系會是甚麼模樣的？

2.你有看見過星雲嗎？你最喜歡的星雲是甚麼？

15 銀河鐵道

1.你知道銀河系有多少條旋臂嗎？它們分別叫甚麼名字？

2.你知道可以有甚麼不同的形狀嗎？

16 宇宙的盡頭

1.你認為可觀測宇宙之外有甚麼？

2.如果宇宙膨脹在某一天停止的話，會發生甚麼事？

17 恆星死亡筆記

1.當太陽變成白矮星，地球的命運會如何？

2.如果木星的質量足夠成為恆星的話，我們會看見甚麼？

18 宇宙燈塔

1.航行者太空船的金唱片還儲存了甚麼？

2.你認為未來會有外星人找到航行者太空船嗎？為甚麼？

19 黑洞之謎

1.落入了黑洞中的物質去了哪裏？

2.虛粒子對是因甚麼科學原理而產生的？

20 宇宙大爆炸

1. 銀仙系裏最後一顆恆星都熄滅後，生命仍然能夠存在嗎？如果可以，你認為牠們可以利用甚麼能源生存呢？

2. 宇宙會死亡嗎？為甚麼？

21 生命的起源

1. 你認為生命源於太陽系內還是太陽系外？為甚麼？

2. 你認為地球是宇宙中唯一有生命的恆星嗎？為甚麼呢？

David博士與蟻仔阿Sir的快樂宇宙

右：余海峯博士＋Simba；左：文浩基老師＋伊貝

讀者手頭這本《David博士21個宇宙大探索》是由余海峯博士（David）撰寫，文浩基（蟻仔阿Sir）繪畫插圖的共同作品，特約記者貓喵這次找到他們分享一下創作心聲。

余：David博士
文：蟻仔阿Sir
Q ：貓喵記者

Q：余博士，現今學童課業繁忙，又要補習又要上興趣班，跟他們談宇宙，會不會太「離地」？

余：我覺得對學童來說不會「離地」，孩子對不少事情都很好奇，還要談宇宙，當中有許多他們聽過的名詞，如黑洞、行星，他們應該很興奮才是。成人和家長才會覺得「離地」，因為他們太緊張學童的功課，擔心他們的成績，孩子本身很少擔心這個的（笑）。

文：小朋友大多喜歡看課外書，這是事實。我時常覺得，如果我們能不依賴教科書，多和他們閑聊，無意之間推薦一些課外書，可能更能讓他們吸收知識。小朋友總愛看閑書多於教科書，相同的內容，教科書他們不想看，一本課外書、科普書，他們才有興趣拿來看，始終人不喜歡太多框框規範。

Q：是什麼促使你想跟小朋友講科學？學校的課程還不夠嗎？

我一開始寫科普書的對象是成年人的。一位著名科普作家Neil deGrasse Tyson說過，小朋友是不用教他們科學的，反而要教成人，因為小朋友天生便是科學家，天生便喜歡探索和破壞物件(笑)，他們對世界抱有好奇心。所以我最初寫科普書，目的是讓成年人重拾初心，回憶他們小時候對宇宙的好奇。這本書是我的新嘗試，雖然自己一直想寫一本兒童科普，但不知該如何寫，因擔心太多文字兒童不喜歡看，而我又不懂畫畫來輔助表達，所以一直未敢嘗試。直至遇到文Sir，我寫完稿，由他繪畫插圖，兩者是有意義有關聯的。希望今次有好成績，畢竟和小孩子談科普，直至完稿後，我仍未十分掌握。

文：說得極端些，有時候成年人是否定科學的。幾年前流行一種「手指陀螺」的玩具，孩子們很喜歡玩，我作為老師也常向成年人解釋，透過這玩意從中可學到許多科學知識，例如用手去旋動，還是筷子去撥動？這已涉及槓杆原理，小朋友們是很有興趣去鑽研的。但成年人會覺得這與課程無關，還是不要帶回學校玩吧。

余：就像我們小時候玩彈擦子膠，會研究如何彈得最遠，當中其實包含科學精神。

Q：和小朋友講解宇宙知識，有難度嗎？

有的，因為宇宙的知識，如果用硬科學去講，的確很深奧，唯有多用比喻。例如說宇宙有多大，你不能只說多少個天文單位，這太難明白了，要跟孩子講：如果坐火箭去要多久，這樣才易於理解。其實和成人談科普也需如此。另外小朋友的專注力有限(其實成人也多是「扮專注」，一笑），所以要用不同方式去提起他們的興趣。

Q：文Sir，用圖畫表達書中的內容，有什麼挑戰嗎？

文：雖然本書實在已寫得十分適合兒童閱讀，文筆盡量顯淺，我作為成年人，閱畢也會有不易明白的地方，所以繪畫前也需先細思一下，如何用圖畫表達才好。當中印象最深的是「數學宮殿」的插圖，談及歐基里得五個公理，初時我打算只畫幅宮殿及五條支柱便了事，但覺得這太「呃錢」了（笑）。後來改用漫畫，透過貓喵的生活習性，來表達文中的意思。這種處理形式的確需花精神去構想。另外「恆星死亡筆記」我畫了一幅時間流程圖，也需要花時間心力去考慮如何畫。

Q：請分享一下書中的有趣內容。

文：初時畫「彗星循環線」時，我以為慧星像火車軌循環線，便畫了一道火車軌圍繞地球。但David說那條軌道應該包括其他行星如水星、金星、木星等，我便把「路軌」畫大些。後來再翻查資料，才得知彗星的「掃把尾」必定是離開太陽，因此繪畫時要留意「彗星頭」應朝向太陽。為本書畫插圖，長了不少知識。

余：我最深刻的一篇文章是「天外來客」。我寫書時本來已有流程規劃，但撰寫時卻忘了引述一些較近期的天文新資訊。寫完20個題目後，才驚覺漏寫了兩則彗星新聞，那可是天文學界的大新聞！非寫進本書裏不可。將來有人重溫此書時，或者會認為這本書很合時前衛，因為這天外來客當真發現了不久。2017年，一顆名為「奧陌陌」的石頭從太陽系以外飛入太陽系，被人類捕捉發現，這是前所未有的第一次。當翻查資料時，竟發現2019年也出現了另一顆天外來客「包里索夫」，連我也不知道。雖說這是兒童書，撰寫時我也學到新知識。

Q：為甚麼要畫貓？宇宙和貓有什麼相似的地方？

余：誠實地說：因為有貓有狗，容易有人喜歡看（笑）。一本「兒童向」的圖書，少不得圖畫，而圖畫必須有趣，只有「人」未免不夠有趣。剛好我養了一隻貓Simba，牠可能比我還為人所認識！（笑）所以當文Sir提議，不如在書內加入Simba，我欣然同意。雖然初時也考慮過會否因此偏離主題，幸而本書插圖都是圍繞太空、宇宙的內容繪製，而貓咪就有畫龍點睛的效果。

文：認識David之前已從電視上見過他，早知他有隻Simba。的確，只畫一個人的畫像，怕比較悶，若加上一隻「吉祥物」，可以令本書更富趣味及故事性。

貓喵記者：還以為你們說宇宙和貓一樣充滿神祕呢，甚至暗示貓才是宇宙的主人，喵～

余&文：(笑) 其實是的，貓才是主人～

Q：宇宙對你們來說有什麼魅力？

余：我是天文學家，標準答案是：我的工作是研究宇宙，魅力所在是因為它是我的工作。有些人問，我是不是很喜歡觀星，因此從事天文？其實不是。我覺得宇宙這般大，但透過天文學，人類小小的腦袋可以理解這龐大宇宙，並得知自己還有很多東西尚未弄明白。宇宙這麼大，這麼多奧祕，足夠我們一輩子研究和消化，這是我眼中的宇宙的神祕感。

文：談到宇宙，我們第一印象是抬頭望到的天空。但對我而言，我覺得「宇宙」有兩個，一個在天上，一個在海底。星空宇宙距離我太遠，我更喜歡「海底」及海洋生物。海裏充滿各式生物，對我來說更具魅力，那裡仿如另一個宇宙。

余：其實人類對星空的了解，可能比海底更多。

Q：你們會看科幻的作品嗎？最喜歡的作品是什麼？

余：《叮噹》（《多啦A夢》），我認為這是科幻作品，小時候許多科學知識也是從《叮噹》來的。我印象最深刻是《叮噹》講蟲洞，用對折的紙來解釋，長大了才知道這比喻是正確的，作者有做資料搜集。我覺得科普必須簡化，「科普」與「科幻」其實很相似，科幻需要事實基礎，從中添加幻想；科普也要運用比喻，否則太悶。如果科普不生動，就不需要科普了，大家去讀教科書和論文就可以了。科幻可以引起人們對科學的好奇心。小時候愛看漫畫，近年我仍會看科幻電影。

文：小時候喜歡看《衛斯理》，由第一集追看到結局。《衛斯理》也有科學理論，譬如提到「預言」，書中假設宇宙有平行時空，有些人看到「鏡像世界」，從而看到本身世界的未來。作為老師，我覺得單憑教科書談科學頗為「死板」，反而透過課外書和其他有趣作品（如電影），更能勾起學童的興趣，讓他們自學自習更多科學知識。

余：最重要是讓孩子分清甚麼是「科學」、哪些是「科幻」。看完科幻作品後，引導他們追求科學知識就可以了。

延伸閱讀

延伸閱讀

01 烏龜上的宇宙

Kwok, S. (2017). '*Ancient Models of the Universe*' in Our Place in the Universe: Understanding Fundamental Astronomy from Ancient Discoveries. Springer, pp. 17-24.

02 徒步量地球

Ernie, T. (2006). '*June, ca. 240 B.C. Eratosthenes Measures the Earth, This Month in Physics History*', APS News, June. Available at: https://www.aps.org/publications/apsnews/200606/history.cfm (Accessed: 12 February 2021)

03 原子與元素

Royal Society of Chemistry (2021). Periodic Table. Available at: https://www.rsc.org/periodic-table (Accessed: 12 February 2021)

04 數學宮殿

Proclus (5th Century AD), *Commentary on the First Book of Euclid's Elements*, English translation by Morrow, G. R. (1970), Princeton University Press

05 星空圖畫

余海峯、高子翔、蔡錦滔（2017）。四季星座及星空觀測技巧：星座辨認及觀星技巧。星海璇璣（第二章：第二節，頁43-122）。香港：花千樹出版。

06 行星音樂會

NASA Science. Solar System Exploration. Available at: https://solarsystem.nasa.gov/planets/overview (Accessed: 12 February 2021)如果

蔡錦滔（2020）。太陽系基礎篇：比較八大行星。穿梭太陽系（第一章：第三節，頁21-27）。香港：花千樹出版。

余海峯、高子翔、蔡錦滔（2017）。太陽系：行星。星海璇璣（第三章：第二節，頁149-178）。香港：花千樹出版。

07 彗星循環線

NASA Science. 1P/Halley. Available at: https://solarsystem.nasa.gov/asteroids-comets-and-meteors/comets/1p-halley/in-depth (Accessed: 12 February 2021)

高崇文（2019）。天文中的物理：愛德蒙·哈雷與他的慧星。愛因斯坦冰箱（第一部：第三章，頁34-41）。臺灣：商周出版。

08 太陽傳說

NASA (2017). The Sun. Available at: https://www.nasa.gov/sun (Accessed: 12 February 2021)

蔡錦滔（2020）。太陽。穿梭太陽系（第二章，頁34-55）。香港：花千樹出版。

余海峯、高子翔、蔡錦滔（2017）。太陽系：行星。星海璇璣（第三章：第一節，頁143-148）。香港：花千樹出版。

09 蒼藍一點

Sagan, C. (1994), *Pale Blue Dot*, New York: Random House.

10 月晴月缺

NASA Science. Earth’s Moon. Available at: https://moon.nasa.gov (Accessed: 12 February 2021)

蔡錦滔（2020）。地球。穿梭太陽系（第五章，頁84-109）。香港：花千樹出版。

余海峯、高子翔、蔡錦滔（2017）。天文現象：月亮、行星位置相關現象。星海璇璣（第四章：第三節，頁215-225）。香港：花千樹出版。

11 地球防衛隊

NASA Science (2019). The Lasting Impacts of Comet Shoemaker-Levy 9. Available at: https://science.nasa.gov/science-news/news-articles/the-lasting-impacts-comet-shoemaker-levy-9 (Accessed: 12 February 2021)

Siegel, E. (2016). ‘*Ask Ethan: Why Is Jupiter Hit By So Many Objects In Space?*’, Forbes, 9 April. Available at: https://www.

forbes.com/sites/startswithabang/2016/04/09/ask-ethan-why-is-jupiter-hit-by-so-many-objects-in-space (Accessed: 12 February 2021)

12 天外來客

余海峯、高子翔、蔡錦滔（2017）。天體力學簡論。星海璇璣（附錄三，頁348-352）。香港：花千樹出版。

Siegel, E. (2017). '*How Can We Tell If A Space Rock Came From Outside Our Solar System?*', Forbes, 31 October. Available at: https://www.forbes.com/sites/startswithabang/2017/10/31/how-can-we-tell-if-a-space-rock-came-from-outside-our-solar-system (Accessed: 12 February 2021)

Jerry Woodfill/NASA (2012). '*The Space Educator's Handbook: NASA Space Mathematics*'. Chapter 9: Conic Section. Available at: https://er.jsc.nasa.gov/seh/math64.html (Accessed: 12 February 2021)

13 天涯若比鄰

Pat Brennan/NASA Exoplanet Exploration. '*Planetary Catalog*'. Proxima Centauri b. Available at: https://exoplanets.nasa.gov/exoplanet-catalog/7167/proxima-centauri-b/ (Accessed: 12 February 2021)

余海峯（2016）。比鄰星新發現：最接近地球的行星 Proxima b。檢自：https://pb.ps-taiwan.org/catalog/ins.php?index_m1_id=1&index_id=70（訪問自：2021年2月12日）

14 宇宙星雲

NASA Science (2021). What Is a Nebula?. Available at: https://spaceplace.nasa.gov/nebula/en/ (Accessed: 12 February 2021)

余海峯、高子翔、蔡錦滔（2017）。恆星的演化：恆星搖籃。星海璇璣（第五章：第一節，頁237-245）。香港：花千樹出版。

15 銀河鐵道

NASA Goddard Space Flight Center (2015). The Milky Way Galaxy. Available at: https://imagine.gsfc.nasa.gov/science/objects/milkyway1.html (Accessed: 12 February 2021)

16 宇宙的盡頭

NASA Goddard Space Flight Center (2012). Edwin P. Hubble. Available at: https://asd.gsfc.nasa.gov/archive/hubble/overview/hubble_bio.html (Accessed: 12 February 2021)

17 恆星死亡筆記

NASA Jet Propulsion Laboratory. Stellar Evolution. Available at: https://www.jpl.nasa.gov/infographics/stellar-evolution (Accessed: 12 February 2021)

余海峯、高子翔、蔡錦滔（2017）。恆星的演化：恆星的死亡筆記。星海璇璣（第五章：第三節，頁259-273）。香港：花千樹出版。

18 宇宙燈塔

NASA Jet Propulsion Laboratory. Voyager. Available at: https://voyager.jpl.nasa.gov (Accessed: 12 February 2021)

NASA Goddard Space Flight Center (2017). Neutron Star. Available at: https://imagine.gsfc.nasa.gov/science/objects/neutron_stars1.html (Accessed: 12 February 2021)

19 黑洞之謎

Siegel, E. (2020). '*Yes, Stephen Hawking Lied To Us All About How Black Holes Decay*', Forbes, 9 July. Available at: https://www.forbes.com/sites/startswithabang/2020/07/09/yes-stephen-hawking-lied-to-us-all-about-how-black-holes-decay (Accessed: 12 February 2021)

20 宇宙大爆炸

Siegel, E. (2020). '*Don't Believe These 5 Myths About The Big Bang*', Forbes, 6 February. Available at: https://www.forbes.com/sites/startswithabang/2020/02/06/the-top-5-myths-you-probably-believe-about-the-big-bang (Accessed: 12 February 2021)

21 生命的起

理查·道金斯（2020）。自私的基因（新版）（趙淑妙譯）。臺灣：天下文化。

Dawkins, D. (1976). The Selfish Gene. Oxford University Press.

因為我的爸爸出了書！
文浩基
以爸爸為榮
我的爸爸也有出書啊！
余海峯

汪汪汪！
妳怎麼了？

附錄漫畫
←編輯修正
我是伊貝。
松鼠狗
大家好，我是SIMBA。
英國短毛貓

我的爸爸比你的爸爸厲害，爸爸的新書印了很多本，一直都堆放在家。我睡在上面舒服得很！
等一下！

？

？

老友，我說實話好了，聽妳的描述，其實……妳爸爸的書是滯銷。
啪

多謝大家支持！爸爸的新書
於各大書店及便利店滯銷中！
暢銷
希望繼續滯銷暢銷！
↑編輯修正
蟻仔阿Sir
異界大冒險之神獸瑞獸小百科
編繪·文浩基
《蟻仔阿Sir異界大冒險之神獸瑞獸小百科》
作　　者：文浩基
出 版 社：筆求人工作室有限公司
國際書號：978-988-74120-2-1
跳
汪汪汪！
嗚嗚嗚！
嘎嘎嘎！
原來無知真的很幸福……
很抱歉……

David博士21個宇宙大探索
貓咪也懂的STEM自主學習

作　者　余海峯
繪　圖　文浩基
出版人　Nathan Wong
編　輯　尼頓

出　版　筆求人工作室有限公司 Seeker Publication Ltd.
地　址　觀塘偉業街189號金寶工業大廈2樓A15室
電　郵　penseekerhk@gmail.com
網　址　www.seekerpublication.com

發　行　泛華發行代理有限公司
地　址　香港新界將軍澳工業邨駿昌街七號星島新聞集團大廈
查　詢　gccd@singtaonewscorp.com

國際書號　ISBN 978-988-74120-4-5
出版日期　2021年5月
定　　價　HK$78

Published in Hong Kong